中国环保产业发展战略若干问题研究

Research on Development Strategy of Environmental Protection Industry in China

吕连宏　罗　宏　杨占红　著

中国环境出版集团 · 北京

图书在版编目（CIP）数据

中国环保产业发展战略若干问题研究/吕连宏等著.
—北京：中国环境出版集团，2019.3
ISBN 978-7-5111-3940-5

Ⅰ. ①中… Ⅱ. ①吕… Ⅲ. ①环保产业—产业发展—经济发展战略—研究—中国 Ⅳ. ①X324.2

中国版本图书馆 CIP 数据核字（2019）第 056399 号

出 版 人　武德凯
责任编辑　董蓓蓓
责任校对　任　丽
封面设计　彭　杉

出版发行　中国环境出版集团
（100062　北京市东城区广渠门内大街 16 号）
网　　址：http：//www.cesp.com.cn
电子邮箱：bjgl@cesp.com.cn
联系电话：010-67112765（编辑管理部）
发行热线：010-67125803，010-67113405（传真）
印　　刷　北京建宏印刷有限公司
经　　销　各地新华书店
版　　次　2019 年 4 月第 1 版
印　　次　2019 年 4 月第 1 次印刷
开　　本　787×1092　1/16
印　　张　9.75
字　　数　200 千字
定　　价　39.00 元

前　言

中国经济持续快速发展，资源环境的约束日趋强化，完成节能减排约束性指标的任务日益艰巨。随着环境保护与污染防治工作的不断推进，环保产业不断受到重视。环保产业既是实施可持续发展战略、建设生态文明的重要物质基础和技术保障，也是新常态下经济发展中最具潜力的增长点之一。2010 年《国务院关于加快培育和发展战略性新兴产业的决定》首次明确提出将“节能环保产业”作为七大战略性新兴产业之一予以支持，2012 年《“十二五”国家战略性新兴产业发展规划》明确提出了环保产业的重点发展方向和主要任务。

加快发展环保产业是培育发展新动能、提升绿色竞争力的重大举措，是补齐资源环境短板、改善生态环境质量的重要支撑，是推进生态文明建设、建设美丽中国的客观要求，是实现中华民族永续发展和“两个一百年”奋斗目标的重要保障。在我国经济进入“新常态”的背景下，产业结构进入转型升级的关键时期，我国环保产业发展还存在不少困难和问题，包括自主创新能力不强、市场秩序不规范、制度体系不完善等，开展环保产业发展战略问题研究具有重要的现实意义。

本研究在调研环保产业内涵和国内外环保产业发展现状的基础上，指出了发达国家发展环保产业的有益经验和我国环保产业发展存在的主要问题，研究了环保产业链的结构与运行风险、PPP 模式在环保产业中的应用、环保产业园区的发展策略、产业成熟度评价在环保产业中的应用等问题，提出了我国发展环保产业的总体趋势、发展目标、发展重点以及政策建议，以期为制定环保产业发展政策提供参考。研究的主要结论如下：

（1）全球环保产业主导地位被发达国家占据并已经呈现出成熟工业特征，

值得我国借鉴的有益经验包括制定产业规划有效管理、完美法律标准严格执行、运用经济手段扶持市场、创新环保技术促进升级和鼓励公众参与积极推广；

（2）我国环保产业是现阶段国民经济中最具潜力的新兴增长点之一，存在集中度较低、企业规模普遍偏小、产业关键技术缺乏、政策和机制不健全、市场竞争秩序不规范、服务体系尚不健全、市场化服务模式发展较慢等问题；

（3）在环保产业链上，产业上游的技术研发和下游的工程建设与运营服务等环节利润较高，现阶段原材料价格上涨、能源消费结构调整、排放标准更替和市场需求放缓等外部环境因素导致我国环保产业链的运行仍存在较大风险；

（4）PPP 模式在我国的环境保护产业领域已有应用但存在诸多问题，应从完善相关法律法规体系、建立合理投资回报机制、推进投融资模式创新、实施税收优惠政策和提升咨询服务支撑能力等方面进行改进；

（5）我国多数环保产业园区运营情况并不乐观，应从强化顶层设计、建立金融支撑平台、提供技术人才支撑、建立公共服务平台和信息共享平台、搭建污染防治高端技术研发平台、设立技术和产品展示和交易中心及加强招商渠道建设等方面发展环保产业园区；

（6）建议从完善环保产业政策、营造公平竞争的市场环境、加大财税支持力度、完善 PPP 和第三方治理等市场化机制、完善环境技术评估和转化政策、提高资源利用效率、做大做强企业和产业集聚区、推动与信息产业的融合、加快出台“走出去”战略的配套措施等方面大力发展环保产业。

本研究得到中国工程院重大咨询项目（编号：2014-ZD-7-1、2016-ZD-13-01）和水体污染控制与治理科技重大专项（编号：2017ZX07602-004）的资助。由于作者水平有限，书中难免有不当之处，敬请批评指正。

2018 年 5 月

目 录

0 导言

0.1 研究背景

近年来，我国面临着严峻的环境形势与若干环境问题，随着环境保护与污染防治工作的不断推进，环保产业不断得到重视。环保产业既是实施可持续发展战略、建设生态文明的重要物质基础和技术保障，也是国民经济的重要组成部分，还是未来经济发展中最具潜力的新增长点之一。2010 年 9 月，《国务院关于加快培育和发展战略性新兴产业的决定》指出，“战略性新兴产业是以重大技术突破和重大发展需求为基础，对经济社会全局和长远发展具有重大引领带动作用，知识技术密集、物质资源消耗少、成长潜力大、综合效益好的产业”。并首次明确提出将“节能环保产业”作为七大战略性新兴产业之一予以支持，要求自主创新、培育特色，突破一批具有重大支撑作用的节能环保技术，形成自主知识产权，加快实现产业化，缩小在重点领域关键技术和设备与发达国家的差距。2012 年 5 月 30 日，国务院总理温家宝主持召开国务院常务会议，讨论通过《“十二五”国家战略性新兴产业发展规划》，提出了七大战略性新兴产业的重点发展方向和主要任务。七大战略性新兴产业，分别是节能环保产业、新一代信息技术产业、生物产业、高端装备制造产业、新能源产业、新材料产业、新能源汽车产业，进一步明确要求“节能环保产业要突破能源高效与梯次利用、污染物防治与安全处置、资源回收与循环利用等关键核心技术，发展高效节能、先进环保和资源循环利用的新装备和新产品，推行清洁生产和低碳技术，加快形成支柱产业”。

目前，我国在发展环保产业方面取得了显著成效，拥有了一批较为成熟的常规环保技术和装备，但是部分关键技术及设备与国际先进水平仍有一定差距，特别是环保产业中的颠覆性（Disruptive）技术没有得到足够的重视。因此，进一步认识环保产业的战略性、基础性地位，加快发展环保产业，是全面建设小康社会、建设生态文明、实现可持续发展的必然选择，是提升传统产业、促进结构调整、加快经济发展方式转变的重大举措。

（1）我国经济发展进入新常态为环保产业发展带来新机遇

2013 年 12 月 10 日，习近平总书记在中央经济工作会议上的讲话中首次提出“新常态”。2014 年 11 月 9 日，习近平总书记在亚太经合组织工商领导人峰会开幕式上的演讲中指出，中国经济呈现出新常态，有几个主要特点：一是从高速增长转为中高速增长；二是经济结构不断优化升级，第三产业、消费需求逐步成为主体，城乡区域差距逐步缩小，居民收入占比上升，发展成果惠及更广大民众；三是从要素驱动、投资驱动转向创新驱动。习近平总书记提出的“新常态”重大战略判断深刻揭示了我国当前经济发展阶段的新变化、准确研判了我国未来一段时期的宏观经济形势、充分展现了党中央高瞻远瞩的战略眼光和决策定力。

新常态的特征是增速放缓、动力转换、结构优化、调整加快。新常态下实现新增长，必须推动经济在稳定增长中优化结构，既要稳住速度，确保经济平稳运行，确保居民就业和收入持续增加，为调结构转方式创造有利条件；又要调整结构，夯实稳增长的基础，实现在发展中升级、在升级中发展。环保产业作为我国重点发展的战略性新兴产业之一，是支撑新常态下经济平稳增长的重要产业，有望成为经济增长的新动力和新增长极。

（2）党中央对环境保护工作的新要求需要大力发展环保产业

党的十八大把“生态文明建设”提升到“五位一体”总体布局的高度，提出“美丽中国”概念，全党与全国人民的发展理念正在发生重大转变。从“两山论”到党的十九大报告把“坚持人与自然和谐共生”作为新时代坚持和发展中国特色社会主义的基本方略之一，明确提出我国社会的主要矛盾已经转化为人民日益增长的美好生活需要和不平衡、不充分的发展之间的矛盾。在刚刚结束的中央经济工作会议上，党中央更是已明确意识到环境与经济的紧密联系并将污染防治作为重点抓好决胜全面建成小康社会的三大攻坚战之一。

新经济形势下我国发展中的诸多新问题、新矛盾迫切需要大力发展环保产业，打赢污染防治攻坚战，为人民群众提供更多优质生态产品以满足人民日益增长的优美生态环境需要，为全面建成小康社会、实现“两个一百年”奋斗目标提供有力保障。

（3）我国环保产业发展至今仍存在诸多问题

我国环保产业在发展中还存在诸多问题。产业政策尚不完善，法律法规标准不健全，缺少系统的产业规划，缺乏环保技术成果转化推广应用机制；自主创新能力不足，以企业为主体的节能环保技术创新体系尚未形成，部分自主研发设备可靠性较差；市场在资源配置中的作用不突出，环保设施投资渠道单一，缺乏社会资本进入环保产业的鼓励政策，市场规范和监督体系尚不完善；产业集中度较低，未形成大型的龙头企业，小、散、弱的特征明显，难以形成规模效益；服务业发展滞后，在环保产业中的比重相对偏低，大型综合性服务企业较少，社会化、专业化、市场化程度较低。

由于环保产业涉及国民经济的多个部门，国家发展和改革委员会、工业和信息化部、生态环境部等部委都涉足该产业的管理工作，一定程度上的多头管理降低了管理效率也可能会造成管理上的混乱。目前国内也尚未形成系统研究环保产业发展策略的专业科研机构与团队，已发表的研究成果都比较宏观且缺乏操作性与针对性，难以为国家制定有关政策提供支撑，现有的政策环境也不能保障环保产业的稳定持续发展，迫切需要开展环保产业发展对策的研究工作。

0.2 研究意义

资源节约与环境保护是全面贯彻落实习近平新时代中国特色社会主义思想的重要内容，是转变经济发展方式的重要手段。新一届中共中央陆续提出了探索环境保护新路、正确处理保护与发展的关系、让生态系统休养生息、加快健全生态文明制度、认真解决关系民生的突出环境问题、狠抓节能减排等新思想、新论断和新要求。

中共十八届三中全会通过的《中共中央关于全面深化改革若干重大问题的决定》，提出了要进一步解放思想、解放和发展社会生产力、解放和增强社会活力，坚决破除各方面体制机制弊端，阐明了全面深化改革的新方向，并首次提出了比较具体的生态文明制度建设、自然资源产权制度等方面深化改革的新理念、新举措，标志着我国已经进入全面深化改革的新时期，也标志着我国环境保护工作进入了新时期。

党的十九大报告明确提出，我国社会的主要矛盾已经转化为人民日益增长的美好生活需要和不平衡不充分的发展之间的矛盾。人民群众日益增长的优美生态环境需要与更多优质生态产品的供给能力不足之间的矛盾突出，这是社会主要矛盾新变化的一个重要方面，过去“盼温饱”“求生存”，现在“盼环保”“求生态”。社会主要矛盾的新变化，是关系全局的历史性变化，对党和国家各项工作提出了许多新要求。对生态环境保护工作来讲，就是要提供更多优质生态产品以满足人民日益增长的优美生态环境需要。

近年来，我国经济保持较快发展，资源环境的约束日趋强化，完成节能减排约束性指标的任务日益艰巨。我国能源消费总量持续增长，石油、天然气等能源大量依赖国外进口，能源供需矛盾日益严峻，能源安全问题已不容忽视。我国环境状况总体恶化的趋势尚未得到根本遏制，许多地区主要污染物排放量超过环境容量，部分区域大气灰霾现象突出，突发环境事件数量高居不下，环境问题已成为威胁人体健康、公共安全和社会稳定的重要因素之一，人民群众改善环境质量的诉求日益强烈。这就要求大力发展环保产业，掌握环境污染防治核心技术，为有效治理我国突出环境问题提供技术支撑。

当今世界新技术、新产业迅猛发展，孕育着新一轮产业革命，新兴产业正在成为引领未来经济社会发展的重要力量，世界主要国家纷纷调整发展战略，大力培育和发展新兴产业，抢占未来经济科技竞争的制高点。环保产业已经逐步成为部分发达国家的支柱产业之一，美国、德国、日本等发达国家在环保产业领域长期占据优势。在应对国际金融危机和全球气候变化的挑战中，发达国家利用环保技术优势，在国际贸易中制造绿色壁垒，必须大力发展环保产业才能使我国在新一轮经济竞争中占据有利地位。

我国正处在全面建设小康社会的关键时期，大力培育发展战略性新兴产业，加快转变经济发展方式，推进中国特色新型工业化进程，促进经济长期平稳较快发展已经成为新时期经济社会发展的重大战略任务。《国务院关于加快培育和发展战略性新兴产业的决定》首次明确提出将“节能环保产业”作为七大战略性新兴产业之一予以支持，要求自主创新、培育特色，突破一批具有重大支撑作用的节能环保技术，形成自主知识产权，加快实现产业化，缩小在重点领域关键技术和设备与发达国家的差距。我国自身的环保市场需求潜力巨大，特别是在环保装备、“三废”治理、生态修复、环境监测和资源循环利用等重点领域，拉动经济增长前景广阔，环保产业将成为我国未来新的经济增长点。

总体上讲，加快发展环保产业，对拉动投资和消费，形成新的经济增长点，推动产业升级和发展方式转变，促进节能减排和民生改善，实现经济可持续发展和建设生态文明，都具有十分重要的意义，本研究成果可能成为职能部门制定相关政策的重要参考。

0.3 总体研究思路

本研究从剖析环保产业的定义、内涵及产业链构成特征的基础研究出发，深入调研国内外环保产业发展现状与问题并梳理国外环保产业成功发展经验对我国的启示，以环保产业园区发展的影响因素与模式研究探讨环保产业的集聚发展问题，以公私合营模式在环保产业的应用研究探讨环保产业发展的投融资模式问题，以产业成熟度评价在环保产业中的应用研究探讨环保产业的发展评价问题，最后提出我国环保产业发展的路线图，对我国发展环保产业提出政策建议。

研究的总体技术路线如图 0.3-1 所示。

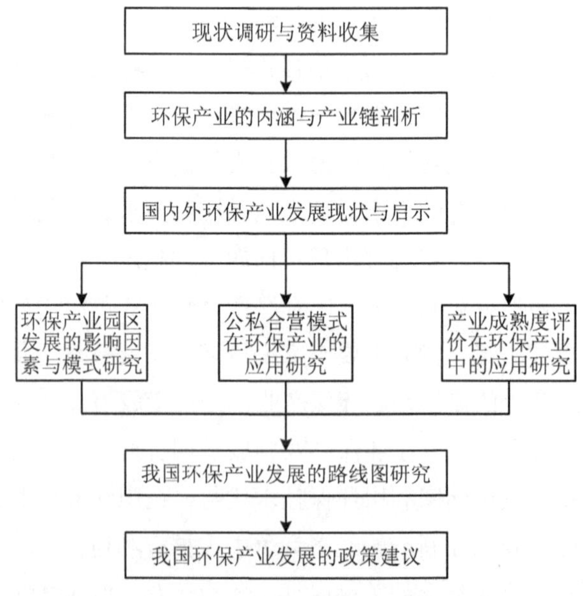

图 0.3-1 研究的总体技术路线

1 环保产业的内涵与产业链剖析

1.1 关于环保产业的认识

1.1.1 发达国家的认识

环保产业是基于现代环境保护意识的现代环境保护行动的经济化名词，是人类社会经济发展到一定阶段基于自身的可持续发展而产生的。

早在20世纪70年代初，在欧美的一些发达国家，包括“三废”治理、固体废物运输与处置、环境技术开发等环境保护工作已经实现产业化，以污染末端治理为主，一般被称为“环境技术和废物管理产业”[1]。经过多年发展，随着清洁生产与循环经济理念的不断深入，环保产业涵盖的范围已经由传统的末端治理发展到全过程控制。

环保产业的定义最早是由经济合作和发展组织（Organization for Economic Co-operation and Development，OECD）的发达国家提出来的，有广义与狭义两种。1992年OECD将环保产业的概念界定为在终端控制、末端治理，具体是指在环境污染控制和减排、污染治理以及废物利用等方面提供产品和服务的行业[2, 3]。狭义的环保产业只关注污染物的末端治理环节，主要是为环境污染控制与减排、污染清理以及废弃物处理等方面提供装备和服务，其核心产业是环保产品生产及其相关的技术服务，又被称为传统环保产业或直接环保产业；广义的环保产业更侧重于全过程控制，既包括了狭义环保产业的内容，又包括能够使污染排放和原材料消耗最小量化的清洁生产技术和产品，相对于狭义环保产业增加的产业内容也被称为间接环保产业。环保产业的狭义定义主要是关注终端控制、末端治理，而广义定义更侧重于全过程控制。

不同的发达国家，对环保产业内涵的理解也不尽相同。大多数欧洲国家主要采用狭义的环保产业定义，如德国、意大利、挪威、荷兰等，而日本、加拿大等国家采用广义的定义，美国的环保产业定义介于两者之间，见表1.1-1[4]。各个国家、地区或部门行业对环保产业尚未形成统一称谓，各个国家对其的理解也各不相同，美国称之为“环境产业”（Environmental Industry），日本称之为“生态产业”（Eco-industry），还有些国家称之为“绿色产业”（Green Industry）[5]。

1996 年，OECD 的科学、技术与工业理事会工业部秘书处提出了环保产业应当包括的内容[6, 7]。概括如下：

①环保设备：废水处理设备，废弃物管理与再循环设备，大气污染控制设备，消除噪声设备，监测设施，科研与实验室设备，用于自然保护与提高城市环境舒适性的设施。

②环保服务：从事废水处理、废弃物处理、大气污染控制、消除噪声等方面的操作，提供有关分析、监测与保护方面的服务，技术与工程服务，环境研究与开发，环境培训与教育，核算与法律服务，咨询服务，生态旅游，其他环境事务服务。

③洁净技术与洁净产品：洁净生产技术与设备，高效能源开发与节能的技术及设备，生态产品。

上述内容概括为 8 个领域：水及水污染物处理，废弃物管理与再循环，大气污染控制，消除噪声，事故处置/清理活动，环境评价与监测，环境服务，能源与城市环境舒适性。

表 1.1-1 部分发达国家和地区对环保产业内涵的理解

国家和地区	内容
美国	服务、设备和资源。服务包括：分析服务，固体废物、危险废弃物、化学废弃物管理，修复，工业服务，咨询与工程；设备包括：水处理，大气污染治理，过程预防技术，废弃物管理设备，环境仪器仪表制造等；资源包括公共用水，资源恢复，环境能源等
加拿大	固体废物处理与治理、大气污染治理技术、供水与污水治理、土地管理与资源保护、环境健康与安全、绿色产品与服务、能源选择与能源等
德国	以保护环境为目的的环境设备制造厂家及提供相关商业服务的厂家，而废弃物管理、循环利用、污染土壤及危险废弃物处理、环境保护设备的咨询与维护不包括在内
意大利	包括以特定的环境保护为目的的生产、设施和设备建设；包括工业和城市排放物的清除、大气污染排放物的减少、城市与工业固体废物的处理与处置、土地开垦、噪声减少
挪威	水污染和排放物处理设备；大气污染治理设备；海洋环境与安全、检测与地理信息系统；废弃物管理与循环设备；咨询服务、但不包括能源增效设备与服务
中东欧	大气、水污染治理设备、监测和分析设备、废弃物管理服务、环境咨询服务
日本	环境保护；废弃物处置和循环利用；环境恢复；有利于环境的能源供给；清洁产品；有利于环境的生产过程

1.1.2 我国的认识

我国的环保产业是伴随着环境保护事业的不断发展而逐步发展起来的。1973 年，全国第一次环境保护工作会议召开，开创了中国环境保护事业，同时环保产业也应运而生。19 世纪 80 年代，我国经济的粗放式快速发展导致环境污染日趋严重，污染防治的市场需求加强，环保产业得到初步发展。进入 19 世纪 90 年代后，随着环境保护形势日益严峻、环境法律法规不断完善以及排放标准逐步提高，特别是“九五”时期环境保护资金得到大幅度增加，我国的环保产业发展速度较快。

1990 年，国务院办公厅以国办发〔1990〕64 号文转发了国务院环境保护委员会《关于积极发展环保产业的若干意见》，首次以政府公文的形式提出了环保产业的定义，即环保产业是指“国民经济结构中以防治环境污染、改善生态环境、保护自然资源为目的所进行的技术开发、产品生产、商业流通、资源利用、信息服务、工程承包、自然保护开发等活动的总称，是防治环境污染和保护生态环境的技术保障和物质基础”。

2001 年 10 月，国家经贸委发布了《环保产业发展“十五”规划》，规划范围包括环保产品的生产与经营、资源综合利用、环境服务三大领域。

2002 年年初，国家环境保护总局在全国第二次环保产业调查的基础上发布了《2000 年全国环境保护相关产业状况公报》，将环保产业定义为“国民经济结构中为环境污染防治、生态保护与恢复、有效利用资源、满足人民环境需求，为社会、经济可持续发展提供产品和服务支持的产业”。本次调查采用了与国际通行界定方法相一致的环境产业的广义内涵，认为环保产业“不仅包括污染控制与减排、污染清理及废物处理等方面提供产品与技术服务的狭义内涵，还包括涉及产品生命周期过程中的洁净技术与洁净产品、节能技术、生态设计及与环境相关的服务等”。按环境保护产品生产、洁净产品生产、环境保护服务、废物循环利用、自然生态保护 5 个领域对环保产业进行了调查、统计与分析。

2006 年，国家环保总局会同国家发展改革委、国家统计局在第三次全国环保产业调查的基础上，继续发布了《2004 年全国环境保护相关产业状况公报》，对环保产业的定义沿用了《2000 年全国环境保护相关产业状况公报》中的定义，但调查范围缩小为环境保护产品、资源综合利用、环境保护服务和洁净产品 4 个领域，将废物循环利用改为资源综合利用，取消了自然生态保护领域，并对环境保护服务领域的内容进行了拓展。

2011 年，为落实国务院《关于加快培育和发展战略性新兴产业的决定》(国发〔2010〕32 号)，切实推动环保产业发展，环境保护部与国家发展改革委、国家统计局联合发布了《关于开展 2011 年全国环境保护及相关产业基本情况调查的通知》(环办函〔2011〕1310 号)，并同期发布《2011 年全国环境保护及相关产业基本情况调查方案》。新一轮的全国环保产业调查工作，继续沿用了《2000 年全国环境保护相关产业状况公报》中的环保产业定义，但将环保产业的范围简化为环境保护及相关产品的生产经营活动和环境服务活动两大类。

从我国与环保产业相关的政策来看，我国对于环保产业定义与内涵的理解，基本上沿用了 OECD 的广义定义。我国环保产业还处于快速发展阶段，其边界和内涵仍在不断延伸和丰富，环保产业从原来较为狭窄的领域，逐步发展成为一个跨产业、跨领域、跨部门，与其他经济部门相互交叉、相互渗透的综合性产业。我国环保产业概念的演变情况见表 1.1-2。

表 1.1-2 我国对环保产业内涵认识的演变

时间	1990 年	2000 年	2006 年
出处	《关于积极发展环保产业的若干意见》（国务院环委会）	《2000 年全国环境保护相关产业状况公报》（国家环保总局）	《2004 年全国环境保护相关产业状况公报》（国家环保总局）
定义	环境保护产业是国民经济结构中以防治环境污染、改善生态环境、保护自然资源为目的所进行的技术开发、产品生产、商业流通、资源利用、信息服务、工程承包等活动的总称，主要包括环境保护机械设备制造、自然保护开发经营、环境工程建设、环境保护服务等方面。环境保护产业是保护和改善环境、防治污染和其他公害的物质和技术基础	国民经济结构中为环境污染防治、生态保护与恢复、有效利用资源、满足人民环境需求，为社会、经济可持续发展提供产品和服务支持的产业。它不仅包括污染控制与减排、污染清理及废物处理等方面提供产品与技术服务的狭义内涵，还包括涉及产品生命周期过程中的洁净技术与洁净产品、节能技术、生态设计及与环境相关的服务等	指国民经济结构中为环境污染防治、生态保护与恢复、有效利用资源、满足人民环境需求，为社会、经济可持续发展提供产品和服务支持的产业。它不仅包括污染控制与减排、污染清理及废物处理等方面提供产品与技术服务的狭义内涵，还包括涉及产品生命周期过程中对环境友好的技术与产品、节能技术、生态设计及与环境相关的服务等
内容	将环保产业划分为环保设备、环保服务、清洁生产技术和洁净产品 3 个部分，并概括出 8 个核心领域： 水及水污染处理，废弃物管理和利用，大气污染控制设备，消除噪声，环境事故处理或清理活动，环境评价与监制，环境服务，能源和城市环境美化等	包括环境保护产品生产业、洁净产品生产业、环境保护服务业、废物循环利用业、自然生态保护业等五类细分产业： 环境保护产品生产业指用于防治环境污染、保护生态环境的设备、药剂和材料、环境监测专用仪器。洁净产品生产业指在产品的整个生命周期内对环境友好的产品，也称环境无害化产品或低公害产品。环境保护服务业指与环境相关的服务贸易活动，包括环境技术服务、环境咨询服务、污染设施运营管理、废旧资源回收处置、环境贸易与金融服务、环境功能服务等。废物循环利用业指对工业废物的再利用和资源化，包括工业固体废物、废水（液）、废气等的再利用和资源化。自然生态保护业包括自然保护区建设、生态示范区建设和生态恢复与治理等	包括环境保护产品生产业、资源综合利用业、环境保护服务业和洁净产品生产业四大类： 环境保护产品生产业指用于防治环境污染、保护生态环境的设备、材料和药剂、环境监测专用仪器仪表。包括水污染治理设备、空气污染治理设备、固体废物处理处置与回收利用设备、噪声与振动控制设备、放射性与电磁波污染防护设备、污染治理专用药剂和材料、环境监测仪器等。资源综合利用业指对废弃资源和废旧材料的加工处理，利用废弃物生产各种产品。主要包括：在矿产资源开采过程中对共生、伴生矿进行综合开发与合理利用；对生产过程中产生的废渣、废水（液）、废气、余热、余压等进行回收和合理利用；对社会生产和消费过程中产生的各种废旧物资进行回收和再生利用。环境保护服务业指与环境相关的服务贸易活动。洁净产品生产业指在产品的整个生命周期内（包括新产品的生产、消费及使用后的回收与再利用）对环境友好的产品。包括：有机食品及其他有机产品、低毒低害产品、低排放产品、低噪声产品、可生物降解产品、节能产品、节水产品及其他产品

1.2 环保产业的定义

从我国发布的有关政策文件及历次开展的环保产业调查工作来看，我国对环保产业的定义已经基本成熟，即《2000 年全国环境保护相关产业状况公报》的定义。

环境保护产业的定义如下：环境保护相关产业是指国民经济结构中为环境污染防治、生态保护与恢复、有效利用资源、满足人民环境需求，为社会、经济可持续发展提供产品和服务支持的产业。它不仅包括污染控制与减排、污染清理及废物处理等方面提供产品与技术服务的狭义内涵，还包括涉及产品生命周期过程中对环境友好的技术与产品、节能技术、生态设计及与环境相关的服务等。

当今国际上对环境保护相关产业内涵更深刻的术语是“环境产业”，即除包括环境破坏和污染治理外，还包括利用生态环境效能的内容[8]。随着我国现代化进程的不断加快，人们对环境保护与生态建设的关注与投入不断加深，我国环保产业发展也逐步向“环境产业”转变。

从环保产业的定义可以看出，我国沿用的是环保产业的广义内涵，环保产业不是简单地隶属于某一个产业领域，而是一个跨产业、跨领域、跨部门，与其他经济部门相互交叉、相互渗透的综合性产业，其内涵应当涉及源头预防、过程控制与末端治理的全过程，见图 1.2-1。

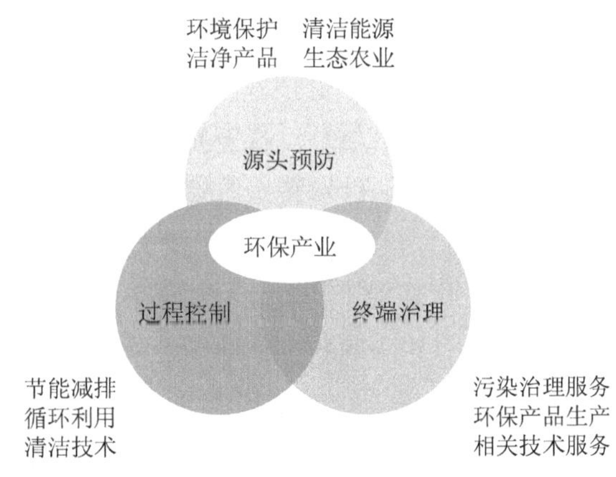

图 1.2-1 环保产业涵盖领域示意

1.3 环保产业的特征

环保产业除具有一般产业特征外，还具有自身属性和特征。

（1）逆向生产性

环保产业针对环境污染控制和生态破坏修复提供相应的技术、设备和服务，处理生产和消费过程产生的废弃物，改进对环境有害的生产流程和方式，通过绿色设计建立循环经济模式，完全区别于只向自然界索取资源不还原资源的物质生产领域其他产业，与一般工农业、消费服务业的行业性质是完全相逆的，具有逆向生产性。

（2）产业关联性

环保产业是跨制造业、服务业等多领域交叉的新兴产业，通过与其他产业的依存和投入产出关系可以带动相关产业的发展，如机电、钢铁、有色金属、化工、仪器仪表等行业是环保产业的上游产业，它们相互制约、相互促进、不可分割。环保产业的发展为这些关联产业提供了发展机会，有利于带动这些关联产业的技术升级及新兴产业的产生。

（3）政策引导性

世界上环保产业发展快的国家，一般都有严格的环境法律法规和环境标准，以这些法律、标准为导向，带动环保装备与产品的市场需求，推动环保产业不断向前发展。环保产业市场需求体现了政府和企业保护环境的决心和意志，同时受到政府和企业经济支撑能力的制约，需要随国民经济的发展和企业经济效益的提高而逐渐扩大，随社会公众环保意识的提高而扩大，这决定了环保产业的发展是有限度的，是与社会发展水平相适应的。

（4）技术依赖性

环保产业属于技术依赖性产业，产业运行过程中对于环境技术有高度的依赖性，如对污染物成分的分析技术、污染监测技术、针对特定污染物的污染治理技术，以及清洁生产技术、资源循环利用技术、新能源开发技术等。环保技术特别是颠覆性技术的开发与应用，决定了环保产业的发展需要大量的资金用于开发，一方面需要政府加大对环保科技创新的投入，另一方面要对私人投资于环保产业科技创新给予经济激励。

（5）准公共物品属性

环保产业产品分为具有私人物品的中间产品和具有公共物品的最终产品两大类。最终产品的环境资源由于其产权难以明确界定或界定成本很高，往往属于公共物品范畴。生态建设和环境保护是一种为社会提供集体利益的公共物品和劳务，它往往被集体加以消费。环保产品的使用和推广往往可以使公众普遍受益，所以，它是正外部性很强的准公共物品。

（6）公益性

环保产业具有显著的社会公益性特征。它所提供的产品，无论是公共产品、准公共产品还是公共服务，一般不为特定的对象、特定的群体服务，它的服务对象是社会公众，对它的消费是一种非排他性的公共消费，任何人都可以享受到这种社会公共服务，或者都可以无偿消费这种公共产品。特别是在提供环境基础设施和公共环境服务的非竞争性和非排他性领域，环保产业的公共产品特征更显突出。因此，对公益性的环境保护基础设施、生态脆弱区、自然保护区的保护等问题，政府要积极介入，直接提供环保需求。

1.4 环保产业的分类

《“十二五”国家战略性新兴产业发展规划》中将环保产业进行了细分，分为先进环保产业和资源循环利用产业两大方向，作为节能环保产业方向的两个重要内容。其中先进环保产业主要包括环境保护产品制造和环境保护服务两方面内容，资源循环利用则与传统定义是一致的。

根据对环保产业内涵的理解以及现阶段我国环境保护产业的发展现状，将环保产业的内涵划分为包含环境保护产品、资源循环利用和环境保护服务三大领域的四级分类体系，见表 1.4-1 和图 1.4-1。

表 1.4-1 环保产业的四级分类体系表

<table>
<tr><th>一级分类</th><th>二级分类</th><th>三级分类</th><th>四级分类</th></tr>
<tr><td rowspan="14">环保产业</td><td rowspan="4">环保产品制造业</td><td>环保设备制造</td><td>水污染治理设备、大气污染治理设备、固体废物处理处置设备、物理污染控制设备、土壤污染治理设备、其他环保设备</td></tr>
<tr><td>环保专用药剂和材料制造</td><td>环境保护专用药剂制造、环境保护专用材料制造</td></tr>
<tr><td>环境监测专用仪器仪表制造</td><td>水环境监测仪器仪表、大气环境监测仪器仪表、土壤环境监测仪器仪表、物理监测仪器仪表、其他监测仪器仪表</td></tr>
<tr><td>洁净产品生产</td><td>环境标志产品、节能节水产品、有机产品、其他环境友好产品</td></tr>
<tr><td rowspan="5">资源循环利用产业</td><td>“城市矿产”开发利用</td><td>废旧金属再生利用、废旧电子电器拆解利用、废旧高分子材料回收利用、报废汽车资源化利用、其他废旧资源利用</td></tr>
<tr><td>大宗固体废物综合利用</td><td>尾矿综合利用、冶炼废渣综合利用、煤矸石综合利用、粉煤灰综合利用、工业副产石膏综合利用、建筑废物综合利用、其他大宗固体废物综合利用</td></tr>
<tr><td>再制造</td><td>汽车再制造、工程机械再制造、机床再制造、其他电机设备再制造</td></tr>
<tr><td>餐厨废弃物资源化利用</td><td>食物残渣资源化利用、废弃食用油脂资源化利用</td></tr>
<tr><td>农林废弃物资源化利用</td><td>秸秆资源化利用、禽畜粪便资源化利用、林业废弃物资源化利用、其他农林废弃物资源化利用</td></tr>
<tr><td rowspan="5">环境服务业</td><td>环境工程服务</td><td>环境污染治理工程服务、生态修复与保护工程服务、环境工程设施运营服务、环境监理服务</td></tr>
<tr><td>环境咨询服务</td><td>环境工程设计咨询服务、环境评估与评价服务、环境规划咨询服务、环境信息服务、环境教育与培训服务、环境审计与审核认证服务</td></tr>
<tr><td>环境技术服务</td><td>环境技术研发服务、环境技术推广服务</td></tr>
<tr><td>环境监测与检测服务</td><td>环境监测服务、环境检测服务</td></tr>
<tr><td>环境贸易与金融服务</td><td>环境贸易服务、环境金融服务</td></tr>
</table>

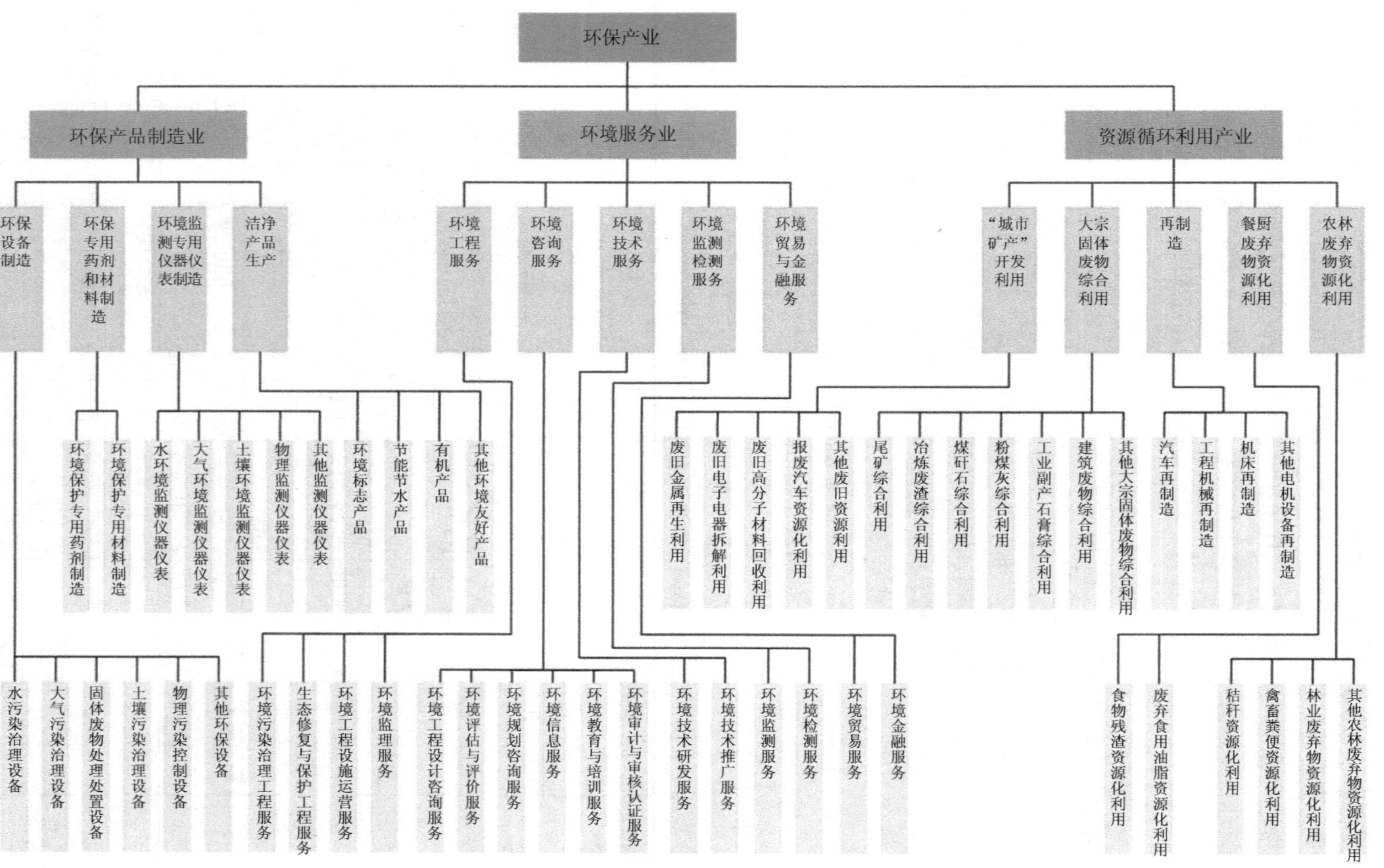

图 1.4-1 环保产业四级分类体系框架

环保产品制造业是指制造防治环境污染、保护生态环境的设备、药剂和材料、环境监测专用仪器仪表和生产环境友好洁净产品的行业。

环境服务业是指与环境相关的服务贸易活动，是现代服务业的重要分支，不仅在生产性服务业中占有很大比例，同时在消费性服务业中占有很重要的地位。

资源循环利用产业是指从事再生资源流通、加工利用、科技开发、信息服务和设备制造、环境保护等经济活动的集合，是集流通、生产、科研、环境保护于一体，集经济效益、社会效益、环境效益于一体的新型产业。

1.5 环保产业的产业链剖析

1.5.1 典型产业链构成

对环保产业链的概念进行界定，还需要对产业链的概念有全面的认识。产业链的概念自 20 世纪 50 年代由赫希曼论述，再到国内外大量学者的分析，至今尚未形成统一的认识。刘贵富[9]通过梳理国内外学者提出的定义，提出产业链的科学定义为同一产业或不同产业的企业，以产品为对象，以投入产出为纽带，以价值增值为导向，以满足用户需求为目标，依据特定的逻辑联系和时空布局形成的上下关联的、动态的链式中间组织。

产业链是围绕某类产品或服务，以各种产业联系为基础而形成的涉及多个产业环节的链式结构。从产业组织的角度来看，环保产业是制造业和生产服务业结合的、跨行业的综合性产业，它表现出来的产业链和价值创造关系显得更为复杂。

环保产业链是针对环保产业本身而言，主要包括上游环保技术研发、中游环保装备和产品生产，以及下游环保工程实施与环保设施运营，见图 1.5-1。典型的环保产业链的上游主要进行环保技术研发，包括科研院所、大专院校、研发型企业和企业的研发部门；中游主要进行环保装备和产品的技术转化、生产与销售，包括以装备制造和产品生产企业形成的产品供应为主的单位；下游主要开展污染治理工程实施和环保设施运营，服务对象是排污企业和市政公共部门。

随着我国环保标准日趋严格，环保产业的战略地位日益提高，下游服务对象往往要求“一体化”“一站式”服务，需要有一个“集成商”整合产业链，包括经销商、施工单位、直线服务提供商、第三方机构、总承包分包商、集成商等（图 1.5-2）。因此，在新的需求下，“集成商”参与模式下的产业链上、下游得到延伸。上游是以环保装备制造、产品生产企业和技术研发机构形成的以技术产品供应为主的单位，它所面对的市场是一些经销商、工程实施单位和服务提供商；在产业链的中游，是一个以项目或工程分包为主要形式的市场，一些第三方服务机构参与其中；在产业链的下游，是以业主和公共机构向总集成、总承包商发包项目为主的市场，是整个产业链形成的最终目标，也是价值增值最为关键的环节。

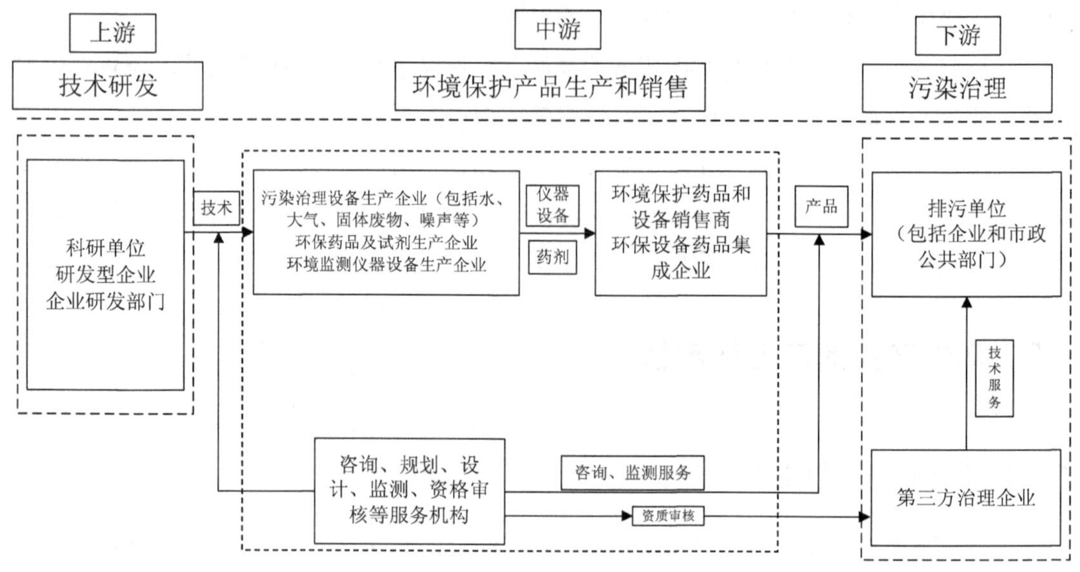

图 1.5-1 传统环保产业链

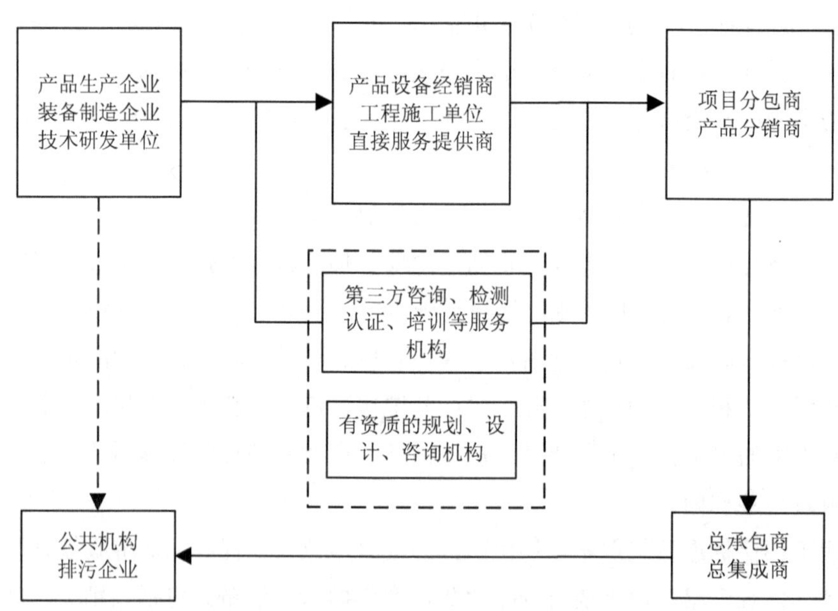

图 1.5-2 “集成商”参与下的环保产业链

资源循环利用产业是环保产业的重要组成部分，而资源循环利用产业主要针对的是废弃物，其产业链运行机制不同于一般意义上的环保产业。以资源循环利用中的重点行业再生资源产业为例，其产业链运行机制如下[10]：

再生资源产业链主要包括再生资源回收、资源化加工和再利用 3 个主要环节。废旧物资的回收是再生资源产业链条上的第一个环节，回收者向产生者回收废旧物资，再集中转卖给专业回收企业或直接出售给集散交易市场中的高级别回收商户，从中赚取差价，整个过程以市场交易的方式实现，通过回收环节使废弃物从社会生产、消费各个领域的分散状态变得相对集中。资源化加工处于产业链的中游，是再生资源产业链上的桥梁和纽带，是将各种废旧物资采用特定的物理、化学处理技术手段，经分类、分拣、清洗、拆解、破碎等初加工和深加工的生产性活动，进一步得到可被其他生产企业进行生产利用的原料（即再生资源中间产品）的过程。再利用是再生资源产业链的下游，是生产加工企业部分或全部利用再生原材料，通过生产性活动得到最终产品的过程（图 1.5-3）。

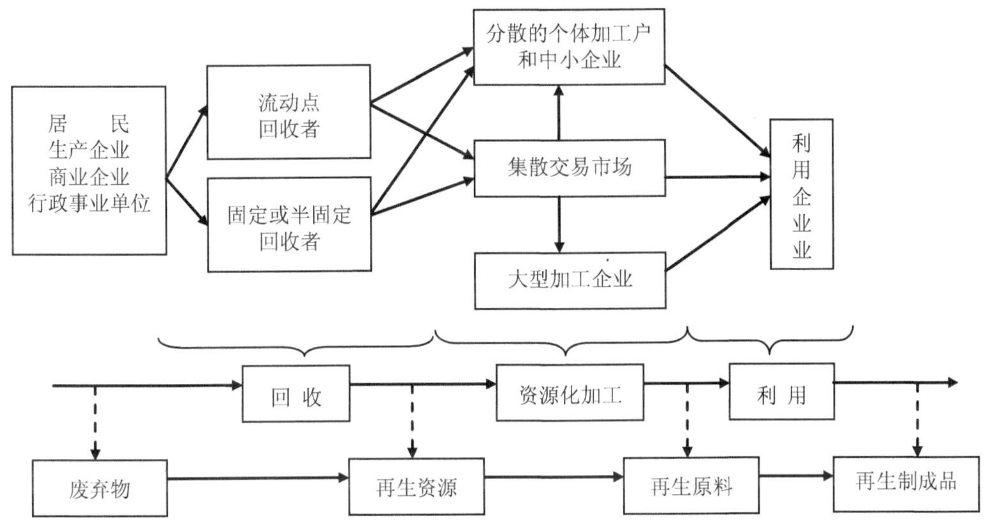

图 1.5-3 再生资源产业链示意

1.5.2 各环节的市场结构

（1）产业上游

总体上看，环保产业上游的技术研发是我国环保产业长期以来最为薄弱的环节。除专门的科研机构、大专院校以及很少的研发型企业外，我国专门从事环境保护技术、工艺与产品研发的单位很少，位于产业中游的环保装备制造企业同时也涉及技术与产品研发业务，但此类企业数量也不多。国内从事环保产业上游研发工作的专业科研院所和大专院校有中国环境科学研究院、中国科学院生态环境研究中心、清华大学、北京大学等，知名的研发型企业有国电清新、远达环保、龙净环保、碧水源、先河环保和聚光科技等。技术研发型单位相对较少的主要原因是由于研发类业务对技术要求和资金投入要求较高，而目前业内大量企业尚不具备足够的技术能力、人才储备和资金实力，主要依赖政府性投资进行研发，难以形成竞争局面。

在技术研发方面，目前主要依靠国家主导和财政投入，如国家通过重大科技专项、“973”“863”等项目主导先进污水处理技术的研发和产业化推广。以“水体污染控制与治理”国家科技重大专项为例，该项目旨在通过技术研发、集成创新、工程示范等途径，在包括污水处理技术在内的水污染控制技术领域实现突破，拟投入资金达 300 多亿元，将对产业技术水平的提升产生强大的推动作用。相对于国家的积极推动，处于生产经营第一线的企业则较少参与技术研发，主要是由于污水处理产业主要由中小企业组成，技术和资金实力较弱，无力参与新技术研发，同时业内尤其是设备制造环节面临无序竞争，企业技术研发意愿普遍较弱。

（2）产业中游

1）中游总体市场结构

产业中游以环保装备制造、环保产品生产及销售企业为主，是一个接近充分竞争的市场。此环节从业企业数量众多，大量的中小型供应商之间围绕价格、产品和服务质量开展竞争，主要分布在经济较发达的长三角和珠三角地区，多数采取混业经营的方式，呈现小而散的市场布局。

环保产业链的中游本质上依旧是技术资本密集型行业，投资强度较大，但由于从业企业规模普遍偏小、资本运作能力和技术研发等薄弱，目前是低集中竞争型产业状态，市场竞争相对较激烈。虽然我国环保政策的更迭推动环保产业市场不断扩大，但是仍有部分国产环保装备和产品产能过剩，技术含量偏低，难以满足日益严格的政策需求，且仍存在恶性竞争的情况。企业作为市场中的创新主体，在产品研发方面普遍重视不够，主动参与自主研发的工作少、生产跟踪仿制较多，普遍缺乏自己的核心技术、知识产权和自主品牌。与内资企业相比，外资企业则更加注重核心技术与拳头产品的研发，并对自主知识产权的相关技术特别重视。国内少量国有控股企业也涉及环保产业上游的研发工作，这类企业多为国有的科研院所改制而来，在技术研发领域具有良好的工作基础和竞争优势，如中国环境保护集团有限公司、北控水务集团有限公司等。相比较之下，大多数民营内资企业则较少参与技术研发工作，在专业技术能力方面也相对偏弱，如目前大量存在的从事装备、产品销售代理的民营企业。

2）大气污染防治装备

以火电大气污染防治装备行业为例进行分析[11]。

脱硫行业：根据中国电力产业联合会发布的最新数据，截至 2016 年年底，全国已投运火电厂烟气脱硫机组容量约 8.8 亿 kW，占全国火电机组容量的 83.8%，占全国煤电机组容量的 93.6%。从国内脱硫发电机组的总投运量来看，我国脱硫行业已经基本处于成熟阶段，市场集中度高。脱硫市场份额排在前 5 位的企业为国电龙源、博奇电力、远达环保、龙净环保和凯迪电力，这 5 家企业累计投运的火电厂脱硫机组容量达 3.37 亿 kW，占到全国累计已经投运火电厂烟气脱硫机组总容量的 38.3%，其中以国电龙源累计投运量最大，达到 1.16 亿 kW，占全国累计已投运容量的 13.2%。

脱硝行业：通过中电联发布的数据来看，截至 2016 年年底，已投运火电厂烟气脱硝机组容量约 9.1 亿 kW，占全国火电机组容量的 86.7%，与脱硫行业类似，我国脱硝行业也已经基本处于成熟阶段，市场集中度高。从累计投运量来看，火电烟气脱硝行业市场份额中排名前 5 位的公司分别为国电龙源、华电科工、大唐环境、远达环保和天地环保，共计完成建设 3.57 亿 kW，占脱硝总装机容量的 39.2%。

3）污水处理设备

目前从事污水处理行业的产品与设备生产销售业务的企业数量众多，有部分实力雄厚的企业同时开展水处理工程建设环节的业务或总包业务。污水处理设备生产与销售从业企业普遍存在资金实力弱、生产规模小的特点，行业集中度不高，少数大型国有机械厂、外资企业和少数几家私营内资企业规模相对较大。

4）固体废物处理设备

固体废物处理设备行业重点是垃圾焚烧设备。从我国已经投入运营的垃圾焚烧电厂所使用的焚烧设备来看，主要以炉排炉为主。由于内资企业进入垃圾焚烧设备行业较晚，加上技术落后，早期市场基本是外资品牌，目前国内的外资品牌主要有三菱——马丁炉排炉、比利时——西格斯炉排炉和日本田雄的 SN 型炉排炉等。我国的一些企业通过引进技术和自主研发，已经基本掌握了垃圾发电的关键技术及设备制造工艺，开发出一系列垃圾焚烧炉，如浙江伟明环保股份有限公司开发的往复多列式生活垃圾焚烧炉和重庆三峰环境产业集团有限公司引进德国马丁逆推倾斜炉排技术，目前已经完全实现国产化。

5）环境监测仪器仪表

在政策利好的环境下，我国环境监测仪器仪表市场中，很多中小企业蜂拥而上，但因缺乏技术和资金，研发能力低，产品低水平重复，仪器质量和性能难以与国外产品抗衡，寿命往往很短。中小企业在线监测仪器的系统配套能力低，跟不上市场的快速发展，以及管理不规范、产品种类少、趋同化现象严重，高端智能仪器仪表只能靠进口。

（3）产业下游

产业链的下游，是一个兼有买方垄断势力又有卖方垄断势力的市场，特别是在一个地方性保护的市场，这一点表现得尤为明显。对卖方而言，企业的整合能力是企业核心竞争力的关键，这种整合能力既包括对上游供应商的整合，也包括对资金、技术等各种要素的整合。

工程建设环节：根据贝恩分类法，污水处理设施的工程建设环节属于低集中竞争型产业。但从 CR_8（行业前 8 名集中度指标）的取值来看，已经接近寡占市场的 40%，市场集中度相对较高。

设施运营环节：目前大多数设施运营类企业具有雄厚的资金规模，均通过BOT、TOT等模式在项目投资建设的基础上获取特许经营期内的运营权，因而，对企业的资本实力和融资能力提出了较高的要求，无形中提高了进入这一环节的行业门槛。

以城镇污水处理为例，城镇污水处理设施运营环节的集中度相对较高，CR_4（行业前4名集中度指标）为25.9%，CR_8为40.5%。从CR_4的取值来看，设施运营环节已经接近竞争型市场与寡占型市场的边缘。而从CR_8的取值来看，样本内市场份额最大的8家企业的销售额总额已经占样本营业额总量的40%以上，这表明该环节已处于低集中寡占型市场，业内初步出现了寡头现象。

1.5.3 各环节的价值分配

我国环保产业市场发展尚不成熟，呈现较为明显的离散特征，产业链与价值创造的关系较为复杂。

在产业上游，水污染控制技术和大气污染控制技术为当前我国环保技术研发的主要领域，而土壤污染治理与修复技术，噪声、辐射污染防护技术研发薄弱。技术研发投入大，但利润也高。

在中游的环保装备和产品生产领域，环境监测仪器设备生产的利润率最高。水污染治理产品和大气污染治理产品的利润率低于环境保护产品的平均利润率。这两个领域的产品发展时间长，市场竞争大，价格竞争激烈。

下游的工程建设和设施运营环节以及相关环节保护服务领域是整个环保产业链利润较高的环节。

（1）工程建设环节

从工程建设环节企业的营业额分布来看，大部分工程建设类企业的年营业额超过1 000万元，主要分布于1亿元左右，远高于设备制造环节。对工程环节企业的资金规模、人员规模以及产值规模指标的分析不难发现，工程建设环节企业具有资金规模较大的特点，这主要是由于工程建设类业务中涉及大型设备的购置和租用，进而要求企业具有较大的资金规模。同时，由于工程建设项目往往交易价格较大，因此，这一环节企业的年产值规模在产业中相对较大。

城镇污水处理行业，由于污水处理设施建设需求较大，行业的收入利润也以较快速度增长，但由于近年来工程建设成本增长较快，导致行业利润率呈下降趋势。

大气治理行业，随着2011年《火电厂大气污染排放标准》的发布，2014年7月1日之前各火电厂的排放标准要满足新要求的规定。大气污染治理工程建设的业务量快速增长，尤其是电厂脱硝的工程建设，工程建设的营业收入和毛利润比重在整个产业链中较高。例如，中国电力投资集团远达环保，截至 2014 年中期，公司环保工程收入、脱硫脱硝特许经营业务和催化剂业务的营业收入比重分别为 55%、26%和 16%，毛利润分别为 43%、24%和 31%[12]。

固体废物处理行业，工程承包环节是固体废物产业链中增值性与盈利性最高的环节，包括工程设计咨询、建设及系统集成等，直接受益于固定资产投资规模的影响，以上市公司中涉足垃圾处理工程承包的“桑德环境”为例，其工程施工业务毛利率为 30%，而设备安装及咨询业务毛利率为 50%。工程运行环节由于垃圾处理作为市政公用事业的一部分，主要由政府委托经营，主要成本在于垃圾集运环节，且发电收入主要受电网定价限制，毛利率一般在 20%左右。

（2）环保设施运营环节

环保设施运营环节与工程建设环节呈现出的特征相似，收入和利润以较快速度增长，而由于近年来运营成本的较快增长，行业利润率呈现下降趋势。污染治理及设施运行服务收入主要来自污水治理和固体废物处理处置领域，分别占 71.5%和 22.4%；水污染治理及设施运行服务中有 73.3%来自市政污水[13]。市政污水治理设施运行服务的市场化程度高，同时，一些地区处理水量尚未达到预期规模，增加了单位成本。

（3）其他相关环境服务

相关环境保护服务领域的咨询服务利润率最高。2004—2011 年，我国环保咨询服务快速发展，营业收入由 2004 年 17.8 亿元增加至 2011 年的 256.7 亿元，占环境保护服务总收入的比重由 4.9%增加至 15%，营业收入年平均增长速度达到 46.4%[14]。环境咨询服务属于知识密集型服务，专业性强，劳动生产率高，且部分环境咨询服务领域市场化程度较低。

目前，环保产业中提供“一体化”服务的“集成商”在产业链上的利润较高，吸引了一批大型外资企业进入中国市场，其提供的环保解决方案具有优势。这些企业前身大多是环保设备供应商。

1.5.4 产业链重点环节

从整个环保产业链条的价值分配来看，环保装备制造业和环境服务业是产业链的重点环节。

（1）环保装备制造业

1）行业规模

自 2011 年以来，环保装备制造业产值长期保持年均 20%以上的增速，2013 年全行业总产值 3 600 亿元左右，2015 年达到 5 556 亿元[14]。据中国环保机械行业协会统计，2012 年全年，进入统计口径的 1 063 个环保装备制造企业（包括环境保护专用设备制造和环境监测专用仪器仪表制造）工业生产总值和工业销售产值分别是 1 913.79 亿元和 1 879.47 亿元，工业总产值同比增长 19.46%，销售产值增长 19.58%。2012 年 1—10 月利润总额 95.82

亿元，同比增加 10.65%，全行业平均利润率（主营业务收入利润率）为 6.9%[15]（表 1.5-1）。

表 1.5-1　2011—2012 年全国环保装备制造业整体发展情况

年份	企业数量/个	工业生产总值/亿元	工业销售产值/亿元	利润额/亿元	利润率/%
2011	779	1 304.59	1 268.86	—	7.53
2012	1 063	1 913.79	1 879.47	100	6.9

数据来源：工业和信息化部、中国环保机械行业协会。

2013 年，我国环境保护专用设备产量达到了 39.88 万台（套）。总体来看，我国环境保护专用设备产量呈现上升趋势，2007—2013 年，设备产量从 8.28 万台增长到 39.88 万台[16]。

从行业结构或产品结构来看（图 1.5-4），我国环保专用设备中的水污染防治设备产量近年来增长快速，已超越大气污染防治设备。2013 年，水污染防治设备产量为 125 466 台（套），相比上年增长 44.48%，实现了大幅增长。大气污染防治设备产量为 85 722 台（套），固体废物处理设备产量为 9 188 台（套），噪声与振动控制设备产量为 756 台（套）。

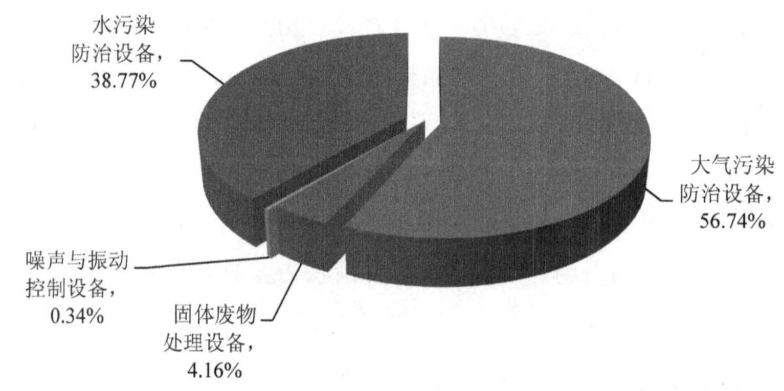

图 1.5-4　2013 年环保装备制造业的产品结构

数据来源：国家统计局、产业信息网。

环境监测专用仪器仪表产量也增长较快，2013 年达到 275 044 台（套）。而且，环境监测仪器行业的销售收入也逐年增加，由 2005 年的 15.84 亿元上升为 2013 年的 161.20 亿元（图 1.5-5）。

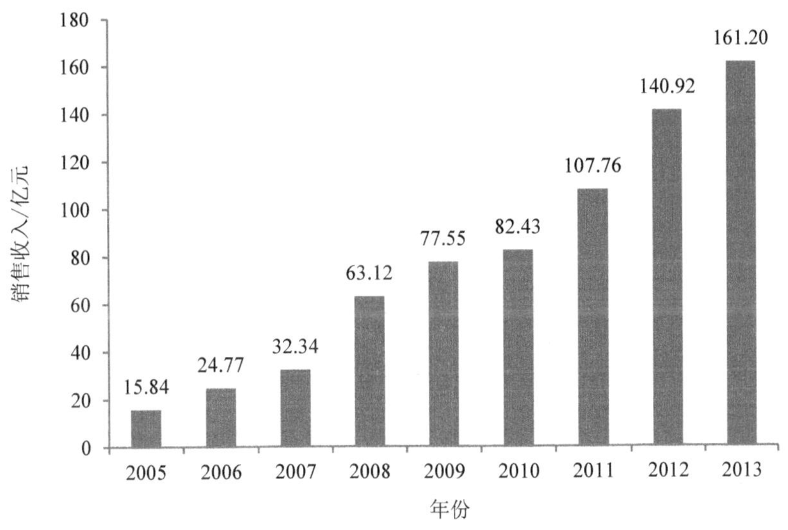

图 1.5-5 2005—2013 年环境监测仪器行业销售收入变化趋势

数据来源：国家统计局、产业信息网。

2）行业特征

在环保装备制造业增速强劲的同时，伴随而来的是经营成本的持续增长，传统装备制造业高投入、低产出的利润格局依然没有发生根本改变，盈利水平虽有所增加但总体水平依然较低。由于环保装备制造业准入门槛相对较低，国内的环保装备制造企业普遍存在规模小、实力弱、盈利水平低的特点，总体行业集中度偏低，龙头企业占比少。由于环保市场需求增速快，很多大企业逐步开始生产外包，一些骨干企业除核心部件自己生产外，外协加工比例日益增大，伴随外协中小企业原材料涨价、流动资金短缺、劳动力成本上升带来的问题，产品质量受到影响。

以环保装备制造中的环境监测仪器仪表领域为例，十几年来已有相当程度的发展。先河环保、聚光科技、雪迪龙、天瑞仪器等国内一批上市仪器公司已经具有一定的研发能力，但我国生产的环境监测仪器仪表大多是中低端产品，产品功能单一、故障率高、附加值低，在品种和数量上也远远不能满足实际需求，使用时还有监测频率低、采样误差大、监测数据不准确等问题。由于近年来市场需求不断扩大，国内环境监测仪器企业通过引进、消化吸收和再创新，其整体技术水平已经得到提高，该行业正在从劳动密集型向技术密集型转型[17]。

（2）环境服务业

环境保护服务业发展水平是环保产业成熟度的重要标志[18]。我国环境服务业发展尽管起步较晚，但是发展速度较快，市场化程度较高。“十二五”期间，随着国务院《关于推行环境污染第三方治理的意见》、环境保护部《关于推进环境监测服务社会化的指导意见》

等支持环境服务业的政策相继出台，环境服务业迅猛增长，“十二五”期间环境服务业主要经济数据年均增速超过 30%，高于环保产业平均增长速度。截至 2015 年，产值达 5 700 亿元，在环保产业中占比超过 37%，较“十一五”期间增长了 146.7%[14]。

中国环保产业协会的统计数据显示[19]，2015 年，我国环境服务业统计口径内从业法人单位 5 676 家，年收入逾 2 339 亿元，期末从业人数近 33 万人。环境服务业从业企业以内资企业为主，占比超过 96%。以营业收入划分，大型企业、中型企业占比分别为 2.4% 和 23.6%，小微企业占比高达 74%，行业集中度偏低，大型企业不足百家，小微企业仍为服务业主体。水污染治理、危险废物治理和环境保护监测位列细分领域年收入三甲，分别超过 600 亿元、500 亿元和 400 亿元。

从区域布局来看，环境服务业在我国东部地区发展较快，浙江、广东和江苏三省位居前列。其中，浙江省以占年收入总额 14.8%排名第一，广东省以低 0.6%的微弱差距居于次席，排名第三的江苏省，占比约 11.3%。占年收入总额不足 0.1%的有陕西省、西藏自治区、甘肃省和新疆生产建设兵团 4 个地区。从从业单位数量看，江苏省、广东省、浙江省均超过 500 家，三省分别占从业单位总数的 10.54%、10.47%和 9.23%，形成第一集团。

江苏省的环境服务业发展较为迅速，已由咨询、设计、培训为主拓展到运营、检测、审计、评估、诊断等多领域服务。2012 年，江苏全省节能环保服务业规模达 123.5 亿元，全省获国家备案的节能服务公司 116 家，甲级环境工程勘探设计资质单位 12 家，环境工程专业承包一级资质单位 16 家、二级资质单位 68 家，环境污染治理设施运营资质单位 260 家。已形成鹏鹞环保、天楹赛特等集投资、研发设计、设备制造、工程承包、运营管理于一体的企业集团。环境工程总包服务、环保设施运行服务以及环境信息服务是未来发展的重点。

广东省环境服务业市场化、社会化、专业化一直走在全国前列。2012 年，全省有环境服务从业单位 758 家，年营业收入 180.13 亿元。其中污染治理及环境保护设施运行服务从业单位 409 个，年营业收入 110.53 亿元。环境技术服务和污染治理设施运营管理已成为广东省环境服务业发展的重要内容。

从环境服务业的发展趋势来看，由于产业链下游服务对象往往要求“一体化”“一站式”服务，需要有一个“集成商”整合产业链并提供管家式的服务，包括经销商、施工单位、直线服务提供商、第三方机构、总承包分包商、集成商等[20]。现有的小规模、单独从事某一环节服务的企业正在逐步被综合集成设计、施工和运营的大型环境服务商所替代，并逐步占领环境服务业的市场。这些企业普遍规模较大，抵御市场风险的能力较强。伴随环保市场化进程，外资综合环境服务商也已进军我国环境服务市场，与国内企业形成强有力的竞争。

1.5.5 环保产业链运行风险分析

经过 30 多年的发展，我国环保产业已经从初期的以“三废”治理为主，发展成为囊括环保装备制造、环境服务、环境友好产品、资源循环利用等多领域的产业体系。但我国环保产业体系仍处于发展的初级阶段，环保产业链的运行存在较大风险。

首先，原材料用户需求和价格对资源循环利用产业链影响巨大，一旦社会经济不景气，原材料用户需求和价格会大幅下降，使用再生资源的成本优势不复存在，对产业链上游的废旧物品回收、加工利用企业等短时间内发生连锁反应，导致整条产业链陷入经营困境。

其次，以能源为代表的基础行业，受到生态文明、绿色发展宏观政策的影响，能源供给侧改革大力推进，清洁优质能源供应比例不断提高，能源价格成本长期处于上升通道，钢铁、有色、化工、电力等上游行业受到能源价格上涨的影响显著，环保产业特别是制造业的生产成本也将会不断升高。

再次，排放标准的不断提高导致对高端环保装备的需求量不断增加，高端环保装备的价格将不断升高，工业企业的环保成本将被推高，导致工业企业会尽量减慢对环保装备的更新速度，更倾向于购买价格低但是基本能够满足环保要求的中低端设备，影响环保产业的科技研发热情，对设备的需求增速放缓。

最后，成本提高与需求增速放缓将对处于产业链中间的环保装备制造商进行双向挤压，从而丧失价格主导权，使其利润不断被压缩，对整条产业链的稳定性造成重大冲击。

2 国内外环保产业发展现状与启示

2.1 国外环保产业发展概况

2.1.1 发展历程

环保产业发展是伴随着人类追求工业文明向追求生态文明的整体转型而不断扩张和升级的，可分为起步阶段、成长阶段和成熟阶段 3 个阶段。

（1）起步阶段：环保技术化阶段（20 世纪 60—80 年代）

工业化国家经济的迅速发展导致其环境污染已经达到了令人发指的地步，污染控制技术研发、环保设备生产、污染工程治理等产业逐步发展起来，此时的环保产业处于技术发展初期阶段。

随着世界发达国家工业经济的快速发展，资源开发利用程度不断增大，相应地，工业污染物被大量排入环境，造成了严重的环境污染，并导致一系列震惊世界的“环境公害事件”。如发生在英国伦敦、美国多诺拉镇的“烟雾事件”，发生在日本熊本县水俣镇的“水俣病事件”，以及日本爱知县“米糠油事件”等[21]。这些公害事件涉及面广、危害性大，引起了公众和学者的热切关注，也直接推动了环境科学、环境技术，特别是环保产业的产生和发展。

20 世纪 60 年代最为突出的环境问题是水污染和大气污染问题，此时水污染和大气污染治理技术和装备也相应地得到迅速发展和广泛应用。在此阶段，大气污染控制技术以简单的机械除尘为主，水污染控制则主要通过简易的土地处理系统并修建了少量的污水处理厂，而城市生活垃圾处理多采用简单堆放、简易填埋及露天焚烧的粗放方式，工业固体废物处理利用的研究则刚刚起步。

20 世纪 70—80 年代是工业化国家的经济迅猛发展时期，城市人口的急剧增加使资源、能源消耗达到了空前规模，环境污染形势已到了令人发指的地步。一些工业化国家开始意识到环境问题的严重性和紧迫性，逐步着手从立法、管理以及环境工程等方面进行全面的污染控制，许多国家纷纷加大了污染控制的投资力度。

随着对污染全面控制的加强，该时期已基本形成了污染控制技术、产品生产、工程治理、科研设计、咨询服务的产业体系。从业群体中，既有专营、兼营，又有跨国公司、大型专业公司及其分支，也有众多中小企业。产品结构已覆盖水、气、固体废物、噪声治理、环境监测等领域。

（2）成长阶段：环保产业化阶段（20 世纪 80 年代—21 世纪初期）

此阶段，环保产品结构由末端治理向全过程控制转变，大型企业比重增加，就业人员数量逐年上涨，环保逐渐向产业化发展。

20 世纪 80 年代末期以后，发达国家对污染的控制方法、技术和手段趋于基本完善和成熟。人们对环境的要求从早期的污染治理和控制，进一步发展为对环境质量的提高。具体地说，是对清洁、优美、舒适的人居环境的追求。在此期间，出现了一大批新的研究成果和污染治理技术。污染治理的设备与技术已进入大规模装备与应用阶段。伴随着环境科学研究的发展和技术的进步，环保产业的结构也发生了如下变化：①产品结构由控制污染向预防污染转变，逐步实现废物减量化、无害化和资源化；②大型企业比重小，中、小型企业比重大，大型企业多为兼营企业，中、小型企业多为从事技术研究与开发的专门机构；③环保产业的就业人员数量呈总体上升趋势。OECD 国家中，美国、日本、加拿大、挪威等国的环保装备就业人员增长率为 3%～10.7%。

根据 OECD 的研究，自 20 世纪 80 年代以来，OECD 国家的环保产业一直以国民经济增长速度 2～3 倍的速度增长，甚至在经济不景气时期也是如此。自 20 世纪 90 年代以来，由于这些国家的生态环境破坏已基本得到控制，公众的环境追求与政府的环境政策导向开始发生变化，OECD 国家越来越重视环境安全技术与生态标志产品，洁净技术与洁净产品的相对重要性明显上升，进一步带动了环保产业中新一轮的技术创新。

（3）成熟阶段：产业环保化阶段（21 世纪以来）

环保装备制造业推动产业系统的生产流程环保化，资源综合利用产业推动废弃物再利用，环境服务业为其他产业提供流程和产品环保化服务，环保产业逐渐渗透各个产业，推动整个产业系统环保化和生态化。

正如信息产业一样，环保产业具有很强的渗透性。环保产业的发展不仅将催生新的产业活动，而且将推动整个产业系统的不断环保化和生态化。主要体现在以下几个方面：①环保装备制造推动产业系统的生产流程环保化，包括减量化、再利用和循环化；②资源综合利用产业推动流量废弃物和存量废弃物的再利用；③环保服务推动产业系统的流程和产品的清洁化，同时为产业废弃物处理和环保设施运营提供外包化服务。

全球环保产业保持稳定高速增长，2009 年全球环保产业规模就已经达到了 6 520 亿美元，全球环保产业贸易额在国际贸易中排名第 4 位，仅次于信息、石油和汽车行业的贸易额[22]。从产业结构看，全球环保产业市场主要包括固体废物处理、废水和垃圾渗滤液处理、环境咨询、环境修复、能源、环境监测、清洁生产和大气污染防治等领域。

2.1.2 发展现状

（1）发展规模

在过去的 10 多年中，各国公众环保意识增强，环保产业需求不断上升，全球环保市场持续增大。进入 21 世纪的前 10 年，全球环保产业保持了稳定增长，2000 年全球环保市场约为 5 320 亿美元，2009 年全球环保产业规模达到 6 520 亿美元，2012 年达到 8 000 亿美元，目前已突破 9 000 亿美元，环保产业的年均增长率达到 10%[23]，见图 2.1-1。

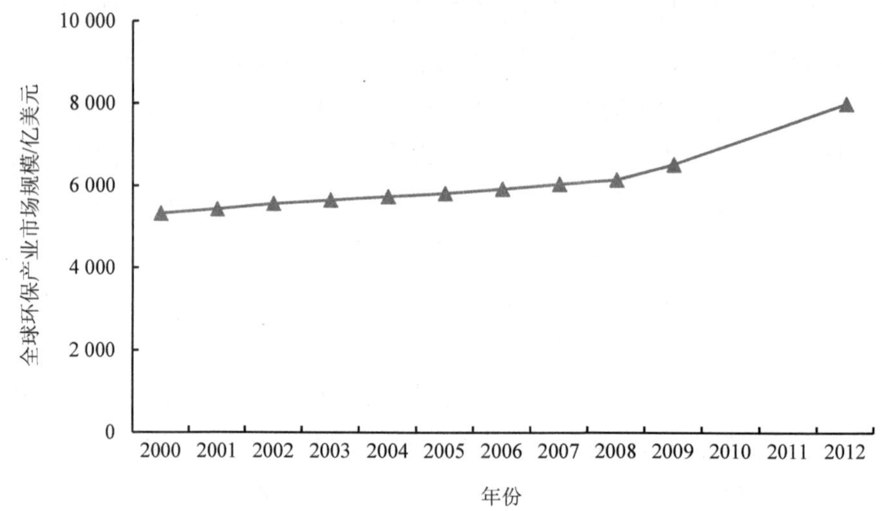

图 2.1-1　2000—2012 年全球环保产业市场规模发展趋势

数据来源：2013 年广东省战略性新兴产业发展报告、环保产业协会统计。

（2）市场分布

按地区分类，北美地区环保行业规模位列第一，欧洲位居第二，以日本为代表的亚洲位居第三，美国、欧盟、日本等发达国家和地区占全球市场份额超过 80%[23]，全球环保产业仍主要由发达国家主导。其中，美国 1970 年环保产业总产值仅为 390 亿美元，2003 年增长到 3 010 亿美元，年均增长率将近 7%，到 2015 年环保产业产值约为 3 980 亿美元，占全球环保产业总值的 1/3，预计到 2020 年将达到 4 420 亿美元[24]；德国 2012 年 1 月发布的《德国环保产业报告》显示，德国环保产业产值已达 760 亿欧元，占世界环保产业贸易额的 15.4%[25]。

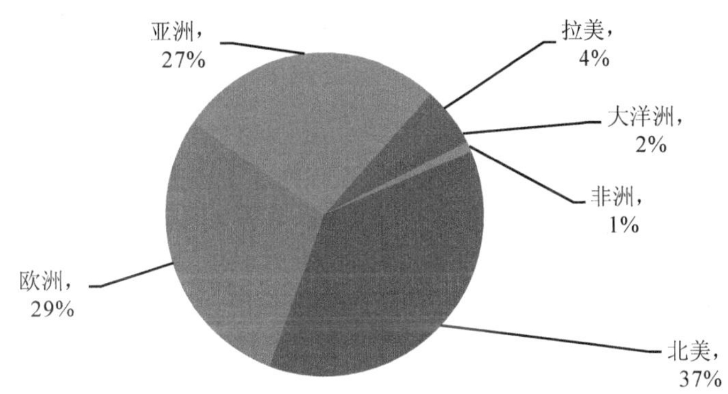

图 2.1-2 2009 年全球环保产业市场规模区域分布

数据来源：环保产业协会、赛迪顾问。

发达国家环保产业的技术优势和服务比重均较高。美国环保产业的突出优势是环境监控系统生产、服务和开发技术，尤其是环境咨询超过美国环境市场 8%的份额；日本环保产业的优势在于技术，主要集中在工程和制造业，包括环保设备、洁净产品设计和生产、资源循环利用处于国际领先地位；德国的环保产业主要集中在环保设备和用品及环保工程，如环保用机动车及其配件、环保机器设备等，与环保有关的工程如城市下水管道、整治水道等方面，环保产业已成为德国一大支柱产业。

（3）专利分布

2012 年，节能环保产业国外在华发明专利授权中，日本的授权量高居榜首，美国、韩国、德国、法国也分列二到五位。其中，位居首位的日本在授权量上占有绝对优势，为 7 983 件，比 2011 年的 6 698 件增长了 19.18%。在国外在华发明专利授权中，日本和美国两者占据了节能环保国外在华发明专利授权总量的 64.45%，在数量上占有绝对优势。发达国家在华授权专利数量 2012 年与 2011 年相比，各国均保持较高的增长率[26]（表 2.1-1）。

表 2.1-1 2012 年部分发达国家环保产业技术在华发明专利授权量

国家	2011 年		2012 年		2011—2012 年变化情况	
	授权量/件	比重/%	授权量/件	比重/%	增长量/件	增长率/%
日本	6 698	43.65	7 983	40.60	1 285	19.18
美国	3 350	21.83	4 690	23.85	1 340	40.00
韩国	1 525	9.94	1 650	8.39	125	8.20
德国	977	6.37	1 377	7.0	400	40.94
法国	544	3.54	742	3.77	198	36.40

数据来源：国家知识产权局规划发展司《战略性新兴产业发明专利授权统计分析报告》。

2.1.3 发展特点

（1）产业发展迅速，“后发优势”明显

环保产业是 30 多年来得到迅速发展的新兴产业，在市场机制的作用下，把自然资源、人力资源、技术资源和信息资源整合为一种高效率和高增长的行业，与传统产业相比更具发展潜力，具备较强的“后发优势”。发达国家环保产业产值已占到国内生产总值的 10%～20%，介于制药和信息业之间，环保产业在国民经济中所占的份额不断上升。美国、欧洲和日本环保产业的产值已占全球的 87%，并以高于 GDP 增长率 1～2 倍的速度发展[27]。

（2）技术进步是获取市场竞争优势的关键

据统计，1996 年全球最大的 50 家环保企业中，只有 1 家 Sabesp 公司来自巴西，其余的 49 家全部来自发达国家，其中美国 14 家、德国 13 家、法国 7 家、英国 5 家、日本 5 家，发展中国家的环保企业与发达国家相比有明显的差距[28]。全球环保产业发展严重不平衡的根本原因就是高新技术的不平衡，环保产业是典型的资金、技术密集型产业，环保高新技术创新是环保企业在竞争激烈的环保市场中脱颖而出的关键。由于发达国家环保技术水平彼此相近，因此其国内环保市场竞争异常激烈，技术明显落后的发展中国家环保市场近年来已经成为发达国家争夺的对象。

（3）日益依赖于国际环境贸易

环保产业最初是适应本国环境保护需要而发展起来的，但环保产业提供的产品和服务本质上是可贸易商品。从环境经济学的理论来看，在一个国家或者地区的经济体系中，开展环境污染治理、减缓经济活动带来的不利环境影响，其本质上是补偿因人类活动导致资源消耗与环境破坏而造成的经济损失，是典型的国民收入重新分配或财富转移过程，环保产业的产品和服务是实现重新分配和财富转移的载体。当这些产品出口销售到其他国家或地区时，能直接为本国或本地区创造经济财富，即当环保产业产生贸易顺差时，不仅能够满足本国本地区的环境保护需求，同时还能够推动国民经济的增长，并不断提高环保产业及关联产业的经济价值。近年来，环保产业在国际贸易中所占份额日益增大，发达国家都已经意识到国际贸易对本国环保产业发展的重要性并把出口作为重要发展战略。

（4）得到政府立法的有力支持

从国际环保产业发展经验来看，环境保护法律法规体系越健全、标准越严格的国家，相应的其环保产业就越发达，很多发达国家都通过立法扶持，大力为发展本国环保产业创造良好的外部环境。20 世纪 60 年代以来，环境问题在诸多发达国家日益尖锐化，为适应国家加强环境保护工作的需要，环境法律法规迅速发展。美国为了防治大气污染，早在 1963 年就制定并实施了《清洁空气法》，并于 20 世纪 70—90 年代先后做了 3 次修订，污染物排放标准越来越严格，在 1969 年制定了《国家环境政策法》，成为联邦政府及各州环境保护法律法规的立法依据；日本1967年制定了《日本公害对策基本法》，于1970年、1971年、1973年、1974年连续进行了4次修改，在1993年和2003年分别制定实施了《环境基本法》和《环境保护法》，在2010年开始实施《循环型社会基本法》，为建立“循环型经济社会”奠定了法律基础[29]。

（5）产业投融资机制多元化

经过多年的发展，发达国家环保产业投资主体已经形成了以市场投资为主、政府和非政府组织为辅的多元投资格局，见表2.1-2[30]。在投融资方式方面，在一些公共设施领域及回报率较为优厚的环保产业领域，政府部门与私人之间的合作融资手段，即公私合营（Public-Private-Partnership，PPP）已经成为融资的重要形式之一。从发达国家投融资主体以及投融资结构经验来看，政府和企业的责任明确，有利于最大可能发挥各自的效用，非常有效地推动了本国环保产业的迅速发展。

表2.1-2 美国、欧盟、日本等的环保产业投资主体

国家和地区	政府投资主体	市场投资主体	其他投资主体
美国	联邦、州和政府部门、机构	公私合作（PPP）、企业、私人业主等	非政府组织、研究所
欧盟	国家、州和政府部门、机构	公私合作（PPP）、企业、私人业主等	非政府组织（如德国工业联盟、德国工商企业协会）、研究所
日本	国际和地方政府部门、机构	公私合作（PPP）、企业、私人业主等	非政府组织（如日本环境财团、环境学会等）

2.1.4 主要发达国家情况

环保产业被认为是朝阳产业，可以带来经济效益，能够形成强有力的国际经济增长点，并成为许多国家优化产业结构的重要目标和手段。目前世界上环保产业发展最具有代表性的是美国、日本、加拿大和欧洲。美国是当今环保市场最大的国家，占全球环保产业总值的1/3，美国环保产业市场份额多年来排名世界第一[31]。

（1）美国

经过40余年的发展，美国的环保产业已经成为全球领先的成熟产业，在改善环境质量、增加就业岗位等方面都发挥着重大作用。美国的环保产业主要由环保设备、环境资源、环保服务三大类组成，并且将生物技术、计算机技术和新材料等高科技广泛应用到环保产业中，促使环保产业迅速成长为美国的营利性产业之一，不仅对国民经济增长贡献巨大，而且为社会创造了大量的就业机会。

环保产业的高速增长极大地带动了美国国民经济的发展。1970年美国环保产业总产值

为 390 亿美元，仅占 GDP 的 0.9%，但是到 2003 年就增长到 3 010 亿美元，仅 30 年就增长了近 8 倍，年均增长率将近 7%，而同期美国 GDP 年均增长率仅有 2%～3%，占同期美国年 GDP 总量的 2.74%，实现利润 200 亿美元。2010 年美国环保产业总产值已达 3 570 亿元，就业人数达到 539 万人。预计美国的环保产业还将持续增长，在 2020 年总产值将达到 4 420 亿美元，就业人数达到 638 万人[24]。

美国国家环境保护局承认，对于环保产业内涵的界定“存在很大的弹性，其范围可以随时被修改，以包括更多信息”。从美国环保产业的发展历程来看，最早主要是终端污染控制与处理的传统环保产业领域，逐步扩大内涵至目前包括开采、生产、运输直到终端利用以及回收、处理及循环再利用等一个全生命周期的，涉及能源、资源、生态、环境和气候变化等领域的广义环保产业体系[32]。

（2）日本

在经历了经济高速发展而导致环境质量恶化并出现诸多严重的公害事件后，日本政府开始认识到环境保护工作的重要性，并采取了一系列卓有成效的环境保护措施，环境质量得到极大改善。随着治理环境污染的深入，日本的环保产业逐渐形成了新的经济增长点，环保产业也已经成为日本国民经济的支柱产业和世界环保市场的主力[33]。

日本的环保产业起步于 20 世纪 60—70 年代末的工业源污染集中治理，工业污染治理技术与装备产业在这一时期得到飞速发展，到 1976 年仅环保装备行业的总产值就达到了约 7 000 亿日元，较 1966 年的 340 亿日元增长了 20 余倍[34]。进入 20 世纪 80 年代中后期，经过 20 年的努力，日本的工业污染问题得到初步遏制，这一阶段日本的环保重心开始转向生活源污染治理及提标改造领域，培育了一批具备世界一流技术工艺水平的环保龙头企业，环保装备的年产值较 20 世纪 70 年代再度翻番，截至 2001 年达到峰值约 1.69 万亿日元。进入 21 世纪以来，环保装备与工程市场规模随着日本国内环境污染治理市场需求的下降而呈现逐渐萎缩趋势，日本环保产业逐步转型升级，新技术、新材料、新装备的市场规模呈快速上升趋势，环境服务业产值占环保产业总产值的比例不断加大，同时以中国、印度为主的东南亚地区，以沙特阿拉伯为主的西亚地区海外市场已经成为拉动日本环保产业产值增长的重要组成部分。资源再生利用产业的规模占有较大的比例，2012 年已超过了 8.5 万亿日元，是日本环保产业中重要的支柱产业[34]。

（3）德国

欧洲国家中环保产业最为发达的是德国，其在环境保护、废弃物循环利用等方面制定了完善的政策体系，实施了一系列严格的法律法规，极大地推动了环保产业的发展。德国的环保产业主要包括生产环保装备和提供环保服务，已成为德国的一大支柱产业，为德国经济发展和生活水平提高做出了重要贡献。

德国环境部在 2012 年发布的《德国环保产业报告》显示，德国环保产业年产值已达到

760 亿欧元，就业人数近 200 万人，占世界环保产业贸易额的 15.4% [25]。德国联邦统计局的数据显示，2014 年德国环保领域产品的总产值高达 654 亿欧元，相当于全国工业领域产品总产值的 6%，2013 年德国环保产品出口额达 503 亿欧元，占国际贸易总额的 14.8%，是全球最大的环保产品出口国家，主要出口国为欧盟以及迫切需要先进环保技术产品的发展中国家[35]。据预测，德国环保产业产值在 2030 年将突破 1 万亿欧元，超过德国传统的汽车及机械制造业成为德国的主导产业，占工业总产值的比重在 2030 年将有望上升到 16%[36]。

（4）法国

法国的环保产业规模排在美国、日本和德国之后，排名居全球第 4 位。当前法国节能环保市场规模约 800 亿欧元，从业企业数量约为 1.2 万家，创造就业岗位近 1.5 万个，2012 年贸易顺差达 36 亿欧元[37]。法国的环保企业以中小企业和微型企业为主，但也不乏领跑全球的行业巨头如威立雅水务集团、苏伊士环境集团等大型跨国公司，出口一直保持强劲势头。法国的环保产业主要包括二氧化碳捕获和储存、水处理、垃圾回收、污染控制和测量、生态工程等领域。

2.1.5 全球环保产业发展趋势分析

（1）绿色生产和制造被广泛重视

随着全球资源日益紧张和环境污染日益严重，基于国际市场的激烈竞争和发展的新特点，绿色制造、绿色产品的开发和应用已经成为发达国家的重点发展方向。从工业来看，传统的、粗放的工业制造模式在破坏生态环境质量的同时也影响着企业的公众形象，因此发达国家工业界通过积极推行清洁生产、发展循环经济，努力实现工业企业节能减排，部分资源消耗大、污染物排放高、环境污染重的工业企业已经没落，以美国、加拿大、日本及欧盟为代表的发达国家都已开展绿色制造转型行动，并确定了各具特色和具有环境意识的环境产品标志[38]。从农业来看，发达国家已经改用对生态环境危害最小的农药和化肥，同时把农药和化肥的使用量尽可能减少到最低限度，既保证持续提供有益健康的农产品，又要保护土壤环境。以英国为例，在 20 世纪 90 年代的 10 年中，农场农药中的药性最大成分减少了 20%以上，氮肥的使用量减少了 15%左右[39]。

（2）环保技术革命推动产业发展

自工业革命以来，由地球自然生态系统所提供的产品和服务越发稀缺，全球经济发展的着力点需要从强调人力生产效率转向重视提高资源生产率和改善环境承载力，这一转变酝酿着一场深刻的绿色技术革命。当前的科学技术日新月异，诸多行业领域已经或正面临着重大技术突破，以节能减排技术、清洁生产技术、循环经济技术等为代表的环保技术取得重大进展，环保技术革命已成为推动社会经济和环保产业发展的巨大动力，大力发展环保技术和环保产业是破解经济社会发展中资源环境约束的根本出路。从 20 世纪末开始，开发环保技术在许多发达国家就已成为一种潮流，从绿色交通到绿色建筑，从绿色化工到绿色能源，从绿色设计到绿色制造，从产品生命周期评价到生态工业园建设，环保技术渗透到了社会经济的各领域。各国政府也采取了一系列措施支持环保技术的发展，如美国1994年就发布了《面向可持续发展的未来技术报告》，并设立了“总统绿色化学挑战奖”；加拿大于1993年制订了“环保技术创新计划”；日本政府倡导以环保技术推动绿色革命，使其同电子技术和汽车技术并列成为日本在世界上领先的三大技术[40]。

（3）绿色消费逐步被公众所接受

伴随工业革命而兴起的工业文明消费模式，以追求方便、大量消费的生活方式为基本特征，其过度消耗自然资源、严重污染环境的弊端促使绿色消费的理念被提出[41]。绿色消费是以保护消费者健康为主旨，符合人的健康和环境保护标准的各种消费行为和消费方式的统称，国际上普遍认可其应遵循“5R”原则，即节约资源、减少污染（reduce）；绿色生活、环保选购（revaluate）；重复使用、多次利用（reuse）；分类回收、循环再生（recycle）；保护自然、万物共存（rescue）[42，43]。绿色消费的内容不仅包括绿色产品，还包括物资的循环利用，能源的有效使用，对生态、物种的保护等，涵盖生产和消费行为的各个环节。从20世纪末的统计数据来看，1990年的新产品中约有5%的“绿色商品”，发展到1996年这个数量剧增到7倍，占比重提高到约60%，80%的德国消费者、77%的美国消费者和66%的英国消费者在购物时都对绿色产品有所倾向，促进了社会生产的各个环节均以“绿色”为目标，跨国公司和大企业纷纷利用“绿色商品”大做绿色广告，不少新兴的中小企业也竞相强化自己的绿色形象，以谋求飞跃发展[44]。

（4）环境保护成为国际贸易重要准则

环境保护已经成为国际贸易的一个重要准则。负责管理世界经济和贸易秩序的世界贸易组织对环境保护问题十分重视，在其《建立世界贸易组织协定》前言中明确要求各成员国应坚持可持续发展，根据各国经济发展水平和需求采取相应措施，以达到优化开发利用资源和保护环境的目标。凡是不符合环境标准的物品均不能进口和出口。不注重绿色消费的出口产品，逐渐成为国际贸易中的抵制现象，如珍稀野生动植物，有毒有害物质超标的农副产品和饮料、食品、污染环境的工业产品等许多产品都受到严格限制或被排斥于国际市场之外。进入21世纪后，许多国家陆续推出更为严厉的环保法规，使非环保产品面临更为严峻的考验。国际标准化组织正式颁布了ISO 14001（环境管理体系——规范及使用指南规范）和ISO 14004（环境管理体系——原理，体系和支撑技术通用指南）两项标准。此标准已经引起世界各国的高度重视，为了适应国际潮流，许多国家正在积极进行相应国家标准的实施准备，加快与ISO 14000国际环境标准接轨。这表明绿色产品将在国际市场上占主导地位，而不符合环保认证的产品将不受欢迎并将淘汰出国际市场。

2.2 我国环保产业发展概况

2.2.1 发展历程

1973 年全国第一次环境保护工作会议开创了我国的环境保护事业，也标志着我国的环保产业正式开始起步。进入 21 世纪以后，中央和地方政府对污水处理厂、垃圾填埋场等环境保护基础设施的建设投资不断加大，特别是市政公用行业市场化改革以来，环境保护产业得到了快速发展。目前，我国环境保护产业已基本具备了为治理工业污染、城市污染、农村污染和区域生态环境保护提供各类环境工程技术和污染治理装备的能力，拥有了一批较为成熟的常规环保技术及装备，并建立起了与市场需求基本平衡的产业体系，但是很多关键技术及设备与国际先进水平仍有一定差距。

我国环保产业的发展经历了计划经济时期、计划经济向市场经济过渡时期和市场经济时期等不同的经济发展阶段，其发展历程大致可以分为萌芽阶段、初步发展阶段、快速发展阶段、全面发展阶段 4 个阶段[45-47]（表 2.2-1）。

表 2.2-1 我国环保产业的发展历程

阶段	萌芽阶段（20 世纪 60 年代中期—1973 年）	初步发展阶段（1973—1989 年）	快速发展阶段（1990—2000 年）	全面发展阶段（2001 年至今）
规模情况	产业尚未形成，环保设备只是主体设备的一个重要组成，尚未独立存在	产业规模初步形成，规模较小；已经有相应支持产业发展的政策；有一定的市场需求	产业规模不断扩大，1993—2000 年，环保产业年收入总额从 311.5 亿元增长至 1 689.9 亿元	规模显著扩大，产值年均增长率持续保持在 10%以上
技术情况	主要技术已经开始进行研发	电除尘器、袋式除尘器、水处理技术等研究已经达到一定水平	大部分产品的开发和生产流程已经解决	技术成熟，产业技术体系形成
企业情况	环保类专门企业少	到 1985 年全国有将近 1 000 家生产环保设备的厂家	截至 2000 年年底，全国已经有 1 万多家企事业单位专营或兼营环保产业，其中企业 8 500 多家、科研院所 1 500 多家	截至 2011 年，从业单位已经达到 23 820 家，从业人数 319.5 万人；到 2016 年，环境服务业从业企业达 4 708 家

数据来源：历次环保产业调查数据和中国环保产业协会发布数据。

（1）萌芽阶段（20 世纪 60 年代中期—1973 年）

20 世纪 60 年代中后期，我国开始尝试在重工业城市开展废水、废气、废渣“三废”的治理工作，通过引进国外工业废水治理设备、除尘器制造技术、噪声控制技术等先进环保技术与设备，来满足机械、冶金、建材、化工等污染较重的行业对污染控制的需求。同时我国也开始探索自行小批量地生产一些废水处理设备和噪声控制设备、材料。这一时期我国环保产业的内涵仅包括污染控制设备的研制、安装和运行服务，且这些设备都是作为工程项目中生产工艺本身的配套组成部分，并不是独立存在的环保设备。

尽管在这一时期我国还未提出环境保护以及环保产业的概念，但环保设备在当时的生产过程中客观存在，并在治理“三废”过程中发挥了一定的作用，此阶段是我国环保产业发展的萌芽阶段。

（2）初步发展阶段（1973—1989 年）

在全国第一次环境保护工作会议召开后，我国的环境保护工作进入一个崭新的历史发展时期，环境保护的概念被提出，国家制定了环境保护政策纲领并明确了污染物排放的要求，特别是自 1989 年开始颁布实施《环境保护法》等一系列环境法律，促进了社会对环保产业的市场需求的形成。1988 年 6 月，时任国务委员、国务院环委会主任宋健同志首次提出了发展环保产业的问题，很快引起了社会各界关注并产生了积极广泛的影响。在此阶段环境保护投资渠道增加，环境治理投资力度加大，推动了环保产业的产生和发展。

这一阶段我国的环保产业尚处于自发、无序的发展状态，无论是产业还是市场都只是在执行国家政策、遵守环保法规、迫于政府命令的基础上被动地发展，存在市场狭小、技术落后、产业组织结构以及市场结构不合理等诸多弊端。到 1985 年，全国已经有近 1 000 家生产环保设备的厂家，他们作为我国环保产业的先驱，初步进入市场，为环保事业服务、为经济建设服务。其中，电除尘、袋式除尘、机械除尘、水处理技术与设备的研究和生产都达到了一定水平，噪声控制、固体废物的处理装置与技术也取得了很大进展，环境效益初步显现。这一时期被视为我国环保产业的起步阶段。

（3）快速发展阶段（1990—2000 年）

进入 20 世纪 90 年代，我国制定完善了环境保护政策，对环保产业的发展给予了更多关注，有力地推动了环保产业的快速发展。1992 年 4 月，全国第一次环境保护产业工作会议召开，确定了我国环保产业发展的指导思想和总体方向。1994 年，《中国 21 世纪议程——中国 21 世纪人口、资源与发展白皮书》中，将发展环境保护产业作为我国实施可持续发展战略的重要内容。随着全国性的产业结构调整，环保产业逐渐成为一个独立的综合性新兴产业，并且形成了比较健全的产业体系，但是依然没有摆脱技术落后、服务水平低以及规模有限等缺陷。

截至 2000 年年底，我国环保产业发展初具规模，全国已有 1 万多家企事业单位专营或兼营环保产业，其中企业 8 500 多家、科研院所等事业单位 1 500 多家，职工总数 180 多万人，固定资产总值 800 亿元，全国环保产业总产值 1 080 亿元，其中，环保设备（产品）产值 300 亿元，占 27.8%；资源综合利用产值 680 亿元，占 63.0%；环境服务产值 100

亿元，占 9.2%，环保产业总产值占同期全国工业总产值 0.77%[48]。

（4）全面发展阶段（2001 年至今）

这一阶段，我国坚持“以市场为导向、以科技为先导、以效益为中心、以企业为主体”的原则，强化了产业政策引导，培育了规范有序的市场，依靠先进的科学技术，加强对环保产业的监督管理，建立与社会主义市场经济相适应的环保产业宏观调控体制，为我国环境保护事业提供了稳固的技术保障和物质基础，促进了我国环保产业的健康有序发展，使环保产业成为我国国民经济新的增长点。环保基础设施建设投资不断增加，环保法律法规、产业政策不断完善，有力地拉动了环保相关产业的市场需求，推动了产业总体规模的扩大。环保设备生产、资源循环利用、洁净产品、环境服务业、生态建设与恢复等各领域均得到了较快发展。

特别是“十二五”时期以来，国家将节能环保产业确定为国民经济的支柱产业进行培育和发展，《大气污染防治行动计划》《水污染防治行动计划》《关于加快推进生态文明建设的意见》等支持政策密集出台，显著拉动了产业的市场需求，产业规模扩张明显。在政策和市场的双重驱动下，环保产业总产值从 2000 年的 774 亿元发展到 2015 年的约 9 600 亿元[49]，取得了跨越式的发展。

2.2.2 发展现状

（1）产业规模持续扩大，尚未成为支柱产业

进入 21 世纪以来，环保产业总体规模显著扩大，产值年均增长率持续保持在 15%以上（图 2.2-1），高于国民经济增长率。环保产业的年收入总额高速增长，由 1993 年的 311.5 亿元迅速发展至 2011 年的 30 752.5 亿元，年利润总额也由 1993 年的 410.9 亿元上涨至 2 777.2 亿元，利润率由 2000 年的 8.6%增至 2011 年的 9.03%[50]（表 2.2-2）。中国环保产业发展势头强劲，已经成为国民经济中最具潜力的新兴增长点之一[51]。但就目前的整体规模而言，环保产业产值规模占全国 GDP 的比重基本维持在 3%左右，尚未成为我国经济的支柱产业。

（2）服务业发展迅猛，产业结构不断优化

环保产业四大类别总销售收入 2011 年为 30 752.5 亿元，其中环境友好产品生产占比最大，超过 65%，资源循环利用产品生产次之，占比 23%左右，环境保护服务业占比不足 6%，环境保护产品生产占比不足 7%（图 2.2-2）。

环境保护产品生产主要包括各种污染防治设备、监测仪器及环保专用的材料和药剂。目前，水和大气污染防治产品生产在产品种类数、从业单位数及销售收入上均占领绝对主导地位，两类产品的销售收入之和占环境保护产品销售收入总额的 80.2%（图 2.2-3）。

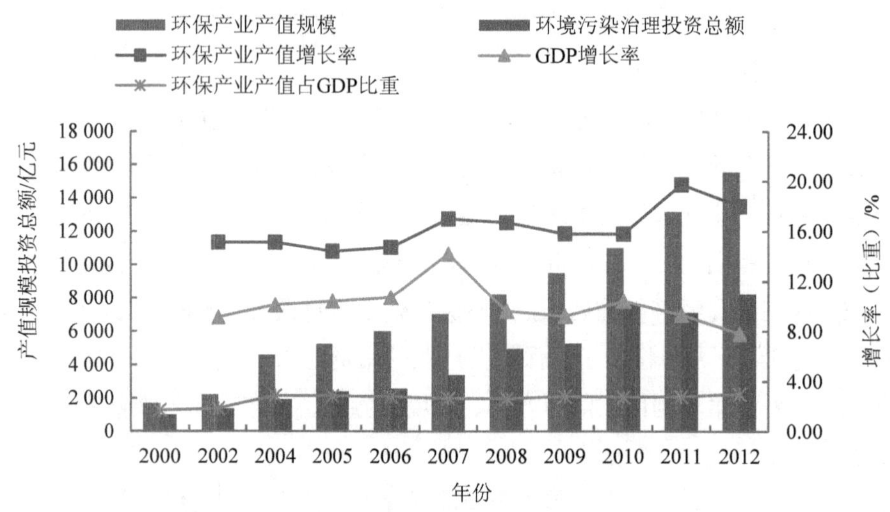

图 2.2-1　2000—2012 年环保产业与国民经济发展情况对比

数据来源：环境统计年鉴、环保产业协会普查。

表 2.2-2　1993—2011 年环保产业规模

年份	从业单位/个	从业人数/万人	年收入总额/亿元	年利润总额/亿元	利润率/%
1993	8 651	188.2	311.5	40.9	13.13
1997	9 090	169.9	459.2	58.1	12.65
2000	18 144	317.6	1 689.9	166.7	9.86
2004	11 623	159.5	4 572.1	393.9	8.61
2011	23 820	319.5	30 752.5	2 777.2	9.03

数据来源：根据环保产业普查数据整理。

我国资源循环利用产业产值“十一五”期末超过了 1 万亿元，年均增长率达到 15%，2015 年产值将达到 1.5 万亿元。2011 年全国资源循环利用产品销售收入中，再生资源回收利用产品最高，超过总收入的一半，产业“三废”综合利用产品占比 40%，而产业“三废”综合利用产品销售收入中，工业废物综合利用产品占比最高，达到 69%。2012 年，我国废钢铁、废有色金属等八大品种再生资源回收总量约为 1.6 亿 t，节能 1.7 亿 t 标准煤，减少废水排放 112.7 亿 t、二氧化硫排放 374.6 亿 t、固体废物 33.9 亿 t，同时，农业秸秆综合利用量达到 6 亿多 t（图 2.2-3）。

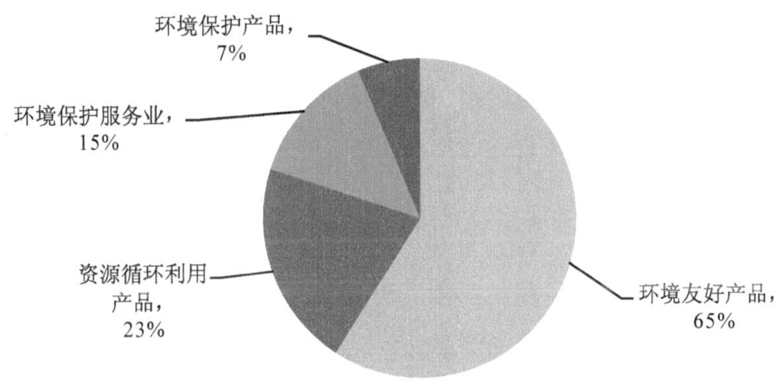

图 2.2-2 2011 年环保产业产业结构销售收入比例

数据来源：《2011 年全国环境保护相关产业状况公报》。

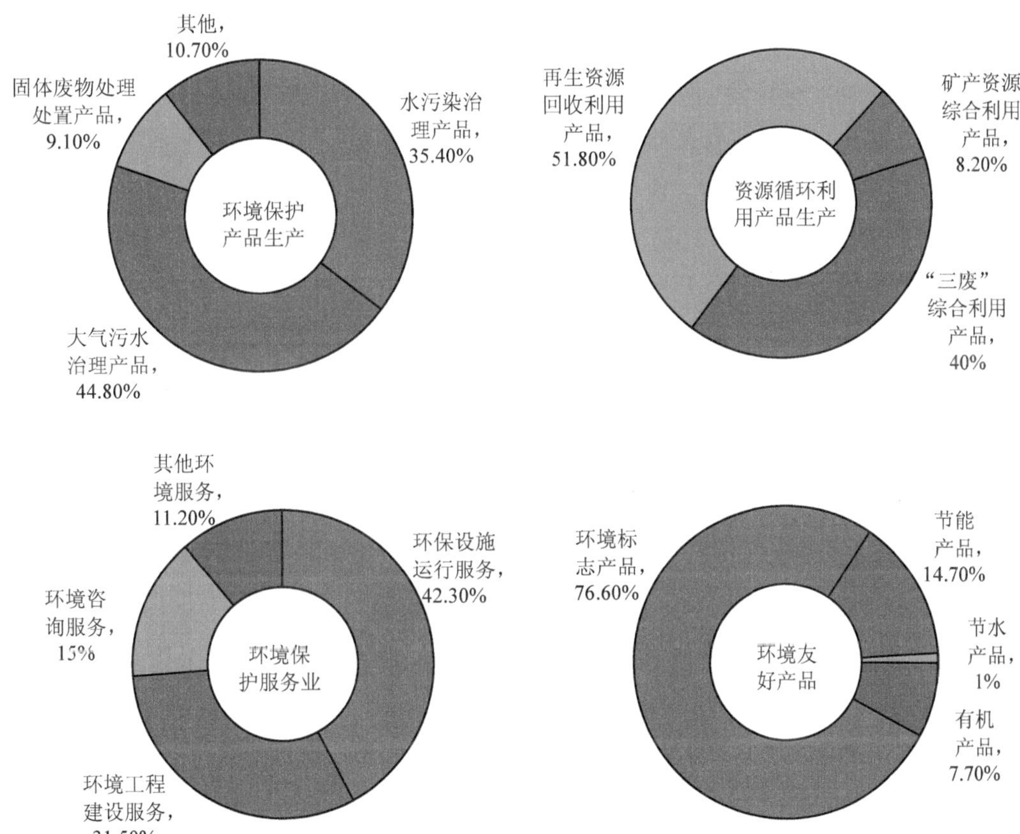

图 2.2-3 环保产业各类产品销售收入占比

数据来源：《2011 年全国环境保护相关产业状况公报》。

环境保护服务业发展水平是环保产业成熟度的重要标志[52]。“十一五”末，环境保护服务业年收入总额约 1 500 亿元，占环保产业中的比重为 15%左右，“十二五”期间，占环保产业的比值大幅提高，根据规划将达到 30%以上。2011 年，环境保护服务业以污染治理及环境保护设施运行服务和环境工程建设服务为主，两类服务收入之和占环境保护服务收入总额的 73.8%（图 2.2-3）。

环境友好产品在以往的环保产业统计中，名为“洁净产品”，主要突出在生产、使用和处理处置过程中符合特定的环境保护要求，与同类产品相比，具有低毒少害、节约资源的环境功能。随着环境标志认证和节能产品认证的实施及逐步走向成熟，将此项包含的内容进行了调整，更加强调经过认证。环境友好产品的四种类别中，环境标志产品从业单位最多，销售收入以环境标志产品和节能产品为主，两类产品销售收入之和占环境友好产品销售收入总额的 91.3%（图 2.2-3）。

（3）产业布局呈“一带一轴”特征

1）总体布局

我国环保产业的区域发展极不平衡。东部地区凭借其良好的经济实力、投资能力、外贸优势和市场需求，在环保技术研发、环保项目设计和咨询、环保企业投融资服务等高端领域处于领先地位。中西部地区由于经济基础薄弱、资源和要素限制等原因，环保产业的发展明显滞后且速度较慢，基本停留在劳动密集型的环保装备制造业领域，产业附加值较低。统计数据显示，东部环保产业产值占全国的六成以上（图 2.2-4），主要集中在江苏、浙江、山东、广东、上海、北京、天津等东部沿海省市，而西部的广西、四川、贵州、云南、甘肃、青海、新疆、宁夏八省区环保产业总产值还不及江苏一个省的 1/2。2011 年我国东部、中部和西部地区环保产业营业收入分别为 19 784.0 亿元、8 144.9 亿元和 2 823.6 亿元[53]。

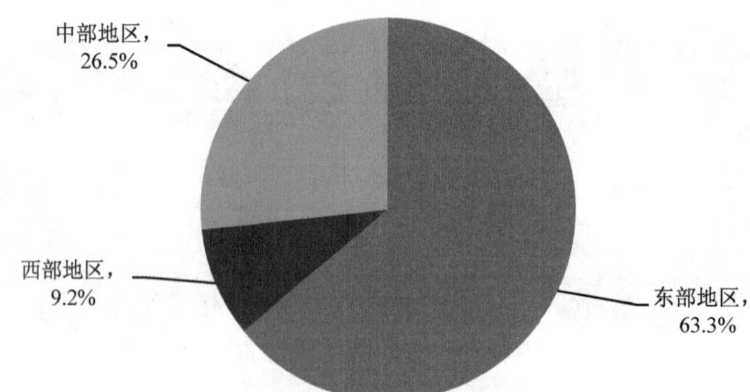

图 2.2-4 环保产业东、中、西部地区营业收入比重

数据来源：《2011 年全国环境保护相关产业状况公报》。

从总体布局来看，我国环保产业已经初步形成了“一带一轴”的总体分布特征，即以环渤海、长三角、珠三角三大核心区域聚集发展的“沿海环保产业发展带”和东起上海沿长江至四川等中部省份的“沿江环保产业发展轴”[53,54]。

2）重点地区特征

环渤海区域：环渤海地区在技术开发转化、高端人才资源、研发资金投入等方面优势明显，该区域环保产业主要聚集在北京、天津、辽宁、河北和山东等省市。北京市是我国北方环保技术开发转化中心，天津市是北方重要的循环经济城，拥有我国北方最大的再生资源专业化园区；山东省环保产业规模雄厚并不断扩大，在环保技术和装备方面具备优势，具有水处理和大气污染治理的先进技术和设备；辽宁省正在从单一环保产品向资源综合利用、环保服务、自然生态保护等领域全面拓展，其优势开始逐渐显现出来。环渤海地区环保产业区域特征见表 2.2-3。

表 2.2-3 环渤海地区环保产业区域特征

省市	规模（营业收入）	重点	聚集城市	环保产业园区
北京市	约 2 000 亿元	以技术研发的环境服务业为主	—	中关村环保科技示范园、朝阳循环经济产业园、通州国家环保产业园
天津市	约 1 000 亿元	产学研相结合的循环经济城市	—	天津子牙循环经济产业区、天津宝坻节能环保工业区
辽宁省	超过 1 300 亿元	以制造环保产品为主	大连、沈阳	沈阳市环保产业基地、大连国家环保产业园区
河北省	约 500 亿元	以资源循环利用为主	保定、石家庄、廊坊等	文安东都环保产业园、京东（香河）环保产业园、邯郸节能环保产业园
山东省	超过 1 200 亿元	以环保技术研发和设备生产为主	青岛、济南	青岛国际环保产业园、济南市环境科技产业园

长三角区域：长三角地区环保产业基础最为良好，是我国环保产业最为聚集的地区，其中江苏和浙江环保产业规模分别居全国第一位和第二位。江苏省环保产品门类齐全，水处理、大气污染治理设备全国领先，初步形成了以南京、无锡、苏州、常州、镇江、盐城等城市为代表的环保产业集聚区。浙江省在工业除尘器，工业及生活污水处理设备、填料和工业滤料，垃圾焚烧设备和综合利用设备等产业领域具有优势，主要集中在杭州、绍兴、温州和台州 4 个城市，这 4 个城市的环保设备（产品）产值占全省环保设备（产品）产值的 80%以上。上海市经济基础较好，环保产业发展迅速，在污水处理设施、烟气除尘脱硫设备、机动车尾气净化设备和垃圾焚烧设备等领域形成了一定的优势产品。长三角地区环保产业区域特征见表 2.2-4。

珠三角区域：珠三角地区环保产业产值占广东省的90%左右，主要集中在广州、东莞、深圳和佛山等城市。广东环保产业全国领先，仅次于江苏、浙江，其环保产业年收入总额全国排名第三位，其中环保技术服务年收入居全国第二位，资源综合利用和洁净产品年收入居全国第三位，环保产品生产相对落后，年收入居全国第七位。珠三角地区环保产业区域特征见表2.2-5。

表 2.2-4　长三角地区环保产业区域特征

省市	规模（营业收入）	重点	聚集城市	环保产业园区
江苏省	约 4 000 亿元	以水处理、大气污染治理设备等环保装备制造业为主	南京、无锡、苏州、常州、镇江、盐城	苏州国家环保高新技术产业园、常州国家环保产业园、宜兴国家环保产业园
浙江省	超过 2 000 亿元	以除尘器，工业及生活污水处理设备、填料和工业滤料，垃圾焚烧设备和节能与综合利用设备等环保装备制造业为主	杭州、绍兴、温州和台州	浙江桐庐大地循环经济产业园
上海市	约 3 300 亿元	以环境服务业和环保装备制造业为主	—	上海国际节能环保园、上海花坊节能环保产业园、上海市环保科技工业园

表 2.2-5　珠三角地区环保产业区域特征

省市	规模（营业收入）	重点	聚集城市	环保产业园区
广东省	超过 3 000 亿元	以环保服务业和环保装备制造业为主	广州、东莞、深圳、佛山	深圳环保产业园、深圳京能科技环保工业园、南海国家生态工业建设示范园区暨华南环保科技产业园

表 2.2-6　中部地区环保产业区域特征

省市	规模（营业收入）	重点	聚集城市	环保产业园区
陕西省	约 300 亿元	以环保装备制造业为主	西安、咸阳等	西安国家环保科技产业园、浩泽环保科技产业园
重庆市	约 900 亿元	以环保装备制造业和环境服务业为主	—	国家环保产业发展重庆基地
湖南省	约 500 亿元	以环保装备制造业为主	长沙、株洲、湘潭等	湖南环保科技产业园
湖北省	约 1 500 亿元	重点发展脱硫脱硝、固体废物处置、水处理等环保设备制造业	武汉	武汉青山（国家）节能环保科技产业园

中部沿江发展轴：该区域以陕西、重庆、湖南和湖北等省市为代表，优势方向是环保

装备制造业。湖北省以武汉青山（国家）节能环保科技产业园为中心，重点产品有脱硫脱硝、固体废物处置、水处理等环保装备。湖南省则拥有我国最大的环境卫生装备制造企业，大力发展以环保节能设备、水处理、大气污染防治和固体废物利用为主导的环保装备制造业。重庆市是三大国家环保产业发展基地之一，在环保成套装备制造领域具有发展优势。陕西省构筑关中、陕北、陕南三大产业基地，重点培育十大环保产业园区。中部地区环保产业区域特征见表 2.2-6。

（4）重点领域技术（专利）进展显著

2011 年，全国研发了环保产业技术 3 698 项，实现工业化生产技术 2 081 项，获得发明专利 6 728 个、实用新型专利 14 233 个，见图 2.2-5、图 2.2-6。各项技术中，水污染控制技术和大气污染控制技术为当前我国环保技术研发的主要领域，而土壤污染治理与修复技术、辐射污染防护技术研发相对薄弱。

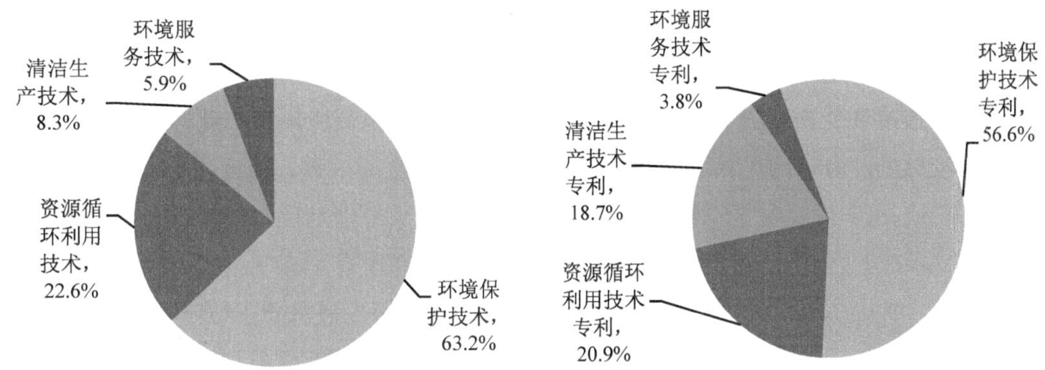

图 2.2-5 环保产业技术研发数量和获专利数量占比

数据来源：《第四次全国环境保护相关产业综合分析报告》。

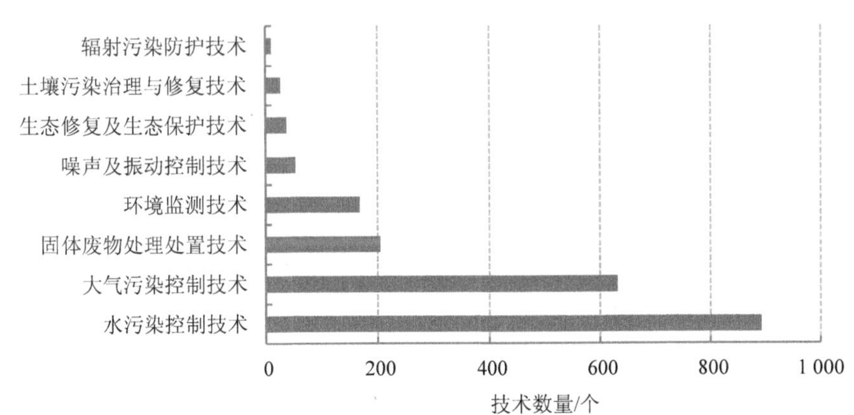

图 2.2-6 环境污染治理技术数量分布情况

数据来源：《第四次全国环境保护相关产业综合分析报告》。

2.2.3 成功的经验

“十二五”时期以来，我国环保产业进入高速发展快车道，产业规模、产业结构、技术水平和市场化程度都得到大幅提升，目前已发展成为产业门类基本齐全，并具有一定经济规模的产业体系。环保产业获得的良好发展主要依赖于重视顶层设计，自上而下通过政策引导、规划推动和工程带动，在产业发展模式创新、机制体制创新、技术研发培育等方面取得了一些成功的经验。及时总结环保产业培育与发展中的成功经验对于进一步加快发展环保产业，使之成为新一轮经济发展的增长点，并最终成为国民经济支柱产业具有重要的指导意义。

（1）重视顶层设计，制定和实施相关规划

为了培育发展战略性新兴产业，无论市场主导型还是政府主导型国家，均非常重视新兴产业发展的“顶层设计”，并通过制定和实施严格的产业发展规划、扶持政策等使其得到贯彻落实。“十二五”期间，国家陆续发布了《“十二五”国家战略性新兴产业发展规划》《“十二五”节能环保产业发展规划》《国务院关于加快发展节能环保产业的意见》等重大规划和政策措施，为环保产业发展指明了方向。2015 年 5 月 8 日，国务院正式印发的《中国制造 2025》也明确提出了“绿色制造工程”，开展重大节能环保、资源综合利用、再制造、低碳技术产业化示范等。为响应国家号召，落实国家政策，湖南、广西、江苏、重庆、山西、安徽、浙江、湖北、广东、上海、贵州和河南等省市先后发布了地方版的“十二五”节能环保产业规划，进一步明确了环保产业的发展目标、方向和任务。

国务院要求行政审批改革，进一步简政放权，积极拓宽市场空间。2014 年，国务院发布《国务院关于取消和调整一批行政审批项目等事项的决定》等政策文件，规定取消或下放水利部对于建设项目水资源论证机构资质的认定；取消国家海洋局对海岸工程建设项目环境影响报告书的审核；废弃电器电子产品处理许可改为后置审批等。2014 年 2 月，国家发展改革委公布《国家发展改革委公布行政审批事项目录》，确定节能减排项目行政审批取消和下放事项等，取消中央国有资本经营预算节能减排资金审批；2014 年 7 月，环境保护部废止《环境污染治理设施运营资质许可管理办法》等。节能减排、污染治理等相关政策和标准的出台，拉动了市场需求。例如，《大气污染防治行动计划》及相关配套政策的实施，促使电力行业烟气处理市场呈爆发式增长；在相关电价补贴政策的推动下，火电烟气处理特许运行市场快速发展。国家在党的十八大前后密集出台了一系列的环保政策措施，全面推进节能减排和环境治理，对该产业支持的范围之广、力度之大前所未有。

（2）创新投融资机制，改善产业投融资环境

环保产业的高速发展离不开资本的助力，不能仅靠政府投入，要从资本市场融资，充分利用社会资本投入。“十二五”时期以来，我国政府重视投融资机制创新，并取得了一

些经验。

首先，股市直接融资发展迅速。国内已有超过 50 家上市环保企业，已经成为各主要治理领域的中坚力量，这些企业未来通过市场的扩张、特别是并购等资本运作将会不断做大做强[55]。其次，在企业债方面，也已经开展了尝试。国家也提出支持符合条件的节能环保企业发行企业债券、中小企业集合债券、短期融资券、中期票据等债务融资工具等。在投资基金方面，2012 年 4 月，广东推出中宸基金，作为国内首支专业推动环保的产业投资基金将配合省部级政府机构推动环保产业的快速发展。同时，协助地方政府搭建金融创新平台，重点在垃圾处理等方面进行系统投入。多元化的投融资渠道为环保产业的快速发展注入了新鲜血液，也为继续拓展投融资渠道来支持环保产业的发展提供了可借鉴的经验。

（3）加强产学研合作平台建设，推动科技成果转化

环保产业是一个技术进步迅速的产业，产业研发综合能力建设是保障产业核心竞争力的基础，必须加强与国内外环保科技界的合作，形成产学研合作平台，以先进科学技术为支撑，以科技创新为引领，推动科技成果转化，形成更多拥有自主知识产权的核心技术和具有国际品牌的产品。如中国宜兴环保科技工业园与哈尔滨工业大学加强产学研合作平台建设，推动环保科技成果转化。

“哈宜模式”是中国宜兴环保科技工业园与哈尔滨工业大学产学研合作的重大成果，它立足哈工大雄厚的环保科研实力，以“一品、一所、一公司”的专门合作业态，推动研发产业化的运作机制，成为节能环保产业探索产学研合作的示范案例[56]。其运作模式是，在哈尔滨工业大学宜兴环保研究院正式启动之时，就成立了有限公司实体进行公司化运作，其中技术团队占股 51%、园区占股 49%，形成以哈宜研究院为母体、“哈宜”品牌和专有技术输出管理为脉络，通过“一个科研产品，一个研究团队，一家产业化企业”的方式，催生一批具有成为“单项冠军”潜质的成长型企业。这一模式运营 2 年来，已孕育出 13 个单项技术公司，承担了 10 项国家重大科研项目和 29 项工程，签署的工程项目合同额超过了 2 亿元，打造了一批环保细分领域龙头、技术冠军和行业标杆。

（4）完善产业链，发展产业集群

环保产业是主要包括制造业和生产性服务业的跨行业、跨领域、涵盖面广的综合性产业，产业链长，与国民经济中众多产业均有着密切联系，具有较强的产业关联。战略性新兴产业要获得持久而旺盛的生命力，就必须加强产业链的延伸，发展产业集群。不论是发达国家还是新兴市场经济体，都积极制定产业政策和完善产业配套，促进新兴产业链延伸和产业集群建立。“十二五”时期以来，我国环保产业已经初步形成了较为完整、层析分明的产业链，初步建设了一批国家级、省级节能环保产业基地，环保产业集群已具雏形。如江苏盐城环保产业园目前是国内最大的环保产业基地，现已被国家科技部批准为国家环保装备高新技术特色产业基地。现拥有中建材环保研究院、国家建材行业生产力促进中心

环保分中心、国家节能环保机械产业研发平台等多家国家级科研机构；科行、吉地达、同和等一批国内行业百强环保企业已进驻；投资 20 亿元的闽盛环保工业材料城、投资 12 亿元的涂附磨具新材料项目、投资 10 亿元的烟气除尘脱硝技术研发及产业化项目、投资 8 亿元的高效布袋除尘器等 17 个重大项目均已开工建设。

同时，组织开展园区循环化改造、城市矿产示范基地建设，推进再制造产业化发展，截至 2014 年 4 月，批准挂牌国家级生态工业示范园区 26 个，批准建设的国家级生态工业示范园区 59 个；已分两批开展国家循环经济示范试点工作，试点范围涉及重点行业（企业）产业园区、重点领域以及省市，共计 178 家单位，部分已通过验收；批准建设国家级循环经济示范区 1 个，启动建设矿产资源综合利用示范基地 40 个和餐厨废弃物资源化利用和无害化处理试点城市 83 个，这些示范企业和园区作为重要载体促进了产业集聚和产业链发展。

（5）新的商业模式开始出现，促进了新兴产业的市场化进程

天津开办全国首家节能环保技术服务超市，创新了环保产业服务模式，提升了环境问题一体化的解决能力。天津节能环保技术服务超市，是全国首家集节能环保技术、产品、咨询、设计、监测等于一体的综合服务平台，为供需双方搭建信息平台、展示平台、交易平台，实现从技术方案到工程实施一条龙服务。通过聚集工程设计、环境评价、环境研究、环境监测、环境培训等咨询服务单位，提升环境问题一体化解决能力。

合同环境服务模式作为环保新机制和商业新模式已逐步成为推动环保服务业发展的重要抓手。2011 年 4 月，环境保护部出台《关于环保系统进一步推动环保产业发展的指导意见》，首次提出“合同环境服务”这一新概念。随后，在《环境服务业“十二五”发展规划》中，鼓励发展该模式，并积极启动多手段、多领域的试点工作。目前，湖南省已率先在实践层面进行了合同环境服务的初步尝试，另外，永清环保也积极探索合同环境服务模式，与新余市人民政府签订了《合同环境服务框架协议》。这些合同环境服务的地方实践，为进一步发展该模式提供了借鉴。

2.3 我国环保产业发展存在的问题

（1）产业发展不平衡，集中度较低

环保产业高速发展，企业众多但企业规模普遍偏小，产业集中度低，竞争分散。虽然核心环保行业的细分领域中固体废物处理处置产品、噪声与振动控制产品和资源循环利用产品生产设备行业的集中度较高，达到了寡占型市场的分类。但是，环保产业整体集度 CR_4 仅为 19.02%、CR_8 为 26.39%，按照贝恩对市场结构的分类属于竞争型市场[59]。市场过度分散制约了行业的技术进步及服务的集约化。环保领域投资大、周期长、专业性强，

需要资金雄厚、技术先进、管理科学的大型环保企业。相对于发达国家的环保龙头企业如威立雅等，我国环保行业缺乏真正的龙头企业。提高产业集中度有助于整合行业资产、提升行业整体技术水平，从而支撑并带动整个产业发展。环保产业细分行业及核心环保行业细分领域市场集中度具体见表 2.3-1 和表 2.3-2。

表 2.3-1　环保产业细分行业市场集中度

集中度	环保产业整体	环境保护产品	环境服务	资源循环利用产品	环境友好产品
CR_4 值/%	19.02	11.82	11.07	5.71	29.13
CR_8 值/%	26.39	16.99	15.08	9.00	40.42

数据来源：2011 年全国环境保护及相关产业基本情况调查。

表 2.3-2　核心环保行业细分领域市场集中度

集中度	环境保护产品						环境服务		
	水污染治理产品	大气污染治理产品	固体废物处理处置产品	噪声与振动控制产品	环境监测仪器设备	资源循环利用产品生产设备	污染治理及环境保护设施运行服务	环境工程建设服务	环境咨询服务
CR_4 值/%	14.40	21.63	52.79	42.64	28.06	39.48	10.30	14.54	25.86
CR_8 值/%	18.99	29.31	64.56	60.74	42.79	50.69	16.82	22.96	36.83

数据来源：2011 年全国环境保护及相关产业基本情况调查。

（2）企业研发投入低，技术创新能力整体偏弱

以企业为主体的环保技术创新体系不完善，技术研发投入严重不足，缺乏自主知识产权技术的支撑。我国环保产业企业中仅有 11%左右的企业有研发活动，有研发活动的环保企业研发资金占销售收入约为 3.33%，远低于欧美环保企业的研发投入（欧美环保企业的研发资金一般占销售收入的 15%～20%）[57]。没有形成创新驱动的发展模式，企业的整体科研实力特别是在基础研究领域长期滞后，一些核心技术尚未完全掌握，部分关键设备仍需要进口，部分已能自主生产的环保设备性能和效率有待提高。如水污染治理的新兴处理技术或深度处理技术，如部分特殊污染物处理技术、膜深度处理技术、消毒技术等，关键部件与国际先进水平有一定差距，高端产品仍依赖进口，同时，成套设备的系列化和成套化仍有较大提升空间。大气污染防治中，除尘所用的耐高温、耐腐蚀滤料和特种纤维需要继续开发突破，脱硫成套设备、脱硝催化剂等基本依赖进口。环境监测领域中，大型精密仪器、在线监测技术设备基本依赖进口，特别是对超细颗粒物、温室气体、部分重金属、低量程的 SO_2 与 NO_x 在线监测设备等的在线监测，缺乏核心技术。一些虽已实现国产化的环保设备性能和效率有待提高[58]。

（3）政策和机制尚不健全

“十二五”时期以来，我国陆续制定出台了一系列法律法规和政策，极大地推动了环保产业的发展，但是随着市场化的加速，以及市场的逐步放开，相应配套的政策和机制还不健全。首先，环保法规和标准体系不健全，相关立法空白，机动车污染防治条例等法规迟迟未出台，相关细分领域的行业准入制度尚未建立。相关技术、产品标准缺失，重点用能产品能效标准、重点行业能耗限额标准和污染物排放标准等滞后。政府在信贷、税收、技术创新、市场培育等方面没有一套有力的鼓励扶持政策，现有财政和税收政策零散、不系统，优惠范围和力度还远远不够，而且有些政策恰恰对环保产业起到了抑制作用。2011年再生资源回收行业增值税优惠政策取消后，各省份的增值税地方留成返还比例不一致，导致各地企业的实际税负不一样，企业不能公平竞争，影响产业健康有序发展。2015 年新出台的《资源综合利用产品和劳务增值税优惠目录》增加了对再生资源类的税收优惠，但仅针对产品和劳务的利用，缺乏对回收环节的政策激励机制，回收行业依然存在财税政策支持弱、企业用地难、回收车辆进城难等问题。

（4）市场竞争秩序不规范

随着环保产业市场化进程的加快，环保市场逐步放开，市场进入壁垒降低，但是与之相应配套的管理机制还不完善。由于缺乏有效的管理和规范，市场竞争秩序混乱，低价低质恶性竞争的现象还比较严重，一些国家明令淘汰的高耗能、高污染设备仍在使用；污染治理设施重建设、轻管理，运行效率低。例如，在市场利益的驱动下，垃圾焚烧企业低价竞标、恶性竞争现象普遍存在。环境服务市场上，随着《关于废止〈环境污染治理设施运营资质许可管理办法〉的决定》实施，从行政审批角度降低了污染治理专业企业进入相关业务领域的门槛。但是我国环境服务业中小型环境服务运营商的技术及环境管理水平参差不齐，部分企业以降低环境治理标准为代价，刻意压低环境服务价格以抢占市场，污染企业选取委托合作方时缺乏有效的判断依据，低质低价中标屡见不鲜，扰乱和破坏了行业秩序，不利于国内环境服务市场的健康发展。环评中介服务机构及环评师挂靠已成为行业的潜规则，环评服务的地方保护和垄断经营等问题已严重扰乱环评市场。

（5）服务业水平相对落后

环境服务业虽然近年来发展速度较快，而且也具有非常大的市场潜力，但在整个环保产业中的比重还相对较低，水平也相对落后，巨大的环境服务市场潜力没有转化成为现实市场需求。目前国内环境服务主要是咨询服务和托管服务，其他领域相对薄弱。具有一体化综合打包解决能力的大型综合性环境服务企业较少。环境服务业市场化程度低，仅在市政污水处理和垃圾处理领域有所提升。截至 2013 年年底，我国采用市场化运营的城镇污水处理厂占比 47%，政府投资与运营的城镇污水处理厂占比 48.99%[59]。合同能源管理、环保基础设施和火电厂烟气脱硫特许经营、第三方治理等市场化服务模式有待完善。环境服务经营模式有待进一步提高，社会化、专业化、市场化程度较低。

2.4 发达国家发展环保产业的启示

（1）制定产业规划、有效管理

加拿大是世界上的经济强国之一，他们在发展经济过程中十分重视环境保护，环境保护与可持续发展战略的实施为其环保产业的发展构筑了良好的环境。联合国曾多次组织对全球 160 多个国家开展包括自然地理、资源气候、环境质量和人民生活居住条件、医疗卫生水平、社会福利保障等多项要素在内的综合评价，加拿大曾连续三年蝉联“最适合人类居住的地方”[60]。加拿大早在 1986 年就建议在全国及大都市成立“环境与经济圆桌会议”，由政府、产业界、环境部门、学术界及其他各方面的人士共同探讨加拿大经济与环境协调发展问题，包括经济措施计划、林业发展计划、可持续发展渔业计划等，直接或间接地推动了加拿大环保产业的发展。1990 年 12 月由联邦政府发布实施的全国性“绿色计划”更是直接推动了加拿大环保产业的发展，该计划的成功实施使得加拿大在 19 世纪 90 年代迅速把握了环保产业快速发展的机遇，进而成为环保产业大国。

日本从 1998 年起开始实行“产品领先计划”（TOPRUNER），将当前市场上能效最高的产品作为能效标准，以此引导厂商主动地按照行业标准制定和实施各自的节能环保和资源再利用计划，并积极增加这方面的技术和设备投资[61]。这种在循环技术和产品上的竞争叫绿色竞争，尤其在节能和节约资源方面成效显著。类似的做法还有产业废弃物处理商优良性评价制度，获得许可的处理商可以获得简化许可手续、参加自治体绿色招标及补助和金融机构的低息融资等好处。日本经验表明，单靠法律约束和国家补助直接推动并不能完全解决企业发展动力不足的问题，各级政府要灵活运用类似于日本“你好我更好”的产品领先计划，采取多种市场化手段引导厂商主动地按照行业标准制定和实施各自的节能环保和资源再利用计划，激发优秀企业主动增加技术和设备投资，引导更多的企业选择超前于政府法规的标准，把“绿色制造”当成企业降低生产成本、提高竞争力最重要的目标。

（2）完备法律标准、严格执行

世界各国为了推动环保产业的发展都积极地进行了和进行着环境法律制度的创新。欧美、日等发达国家和地区的环保产业比较发达，有关法律制度也比较成熟，环境法律法规成为环保产业发展的基础和根本保证。

美国：自 20 世纪 70 年代以来，国会已颁布了 26 项环境法规，涉及水环境、大气环境、废物管理、污染场地清除等有关环保的各个方面，每部法律都对污染者或公共机构应采取的行动规定严格的法律要求，严格环境法规，给环保产品带来巨大的市场需求，促进了环保产业的发展[62]。美国国家环境保护局代表联邦政府具体实施国家环保法规中的绝大部分内容，其手段包括行政命令、惩罚、民事诉讼和刑事诉讼等，此外还鼓励公众积极参与法规的实施。在严格环境法规的驱动下，环保产品有了巨大的市场需求，污染控制设备市场也有了突飞猛进的发展，新技术、新工艺不断得到开发，促进了美国环保产业的发展。所以说完善的环境法律体系和严格的环境执法体系，是美国环保产业得以发展的基本条件。

加拿大：《加拿大环境保护法案》（CEPA）是加拿大环境保护法律的代表。CEPA 自 1988 年开始赋予联邦政府巨大的权力全面控制有毒物质的使用、因燃烧导致的污染、国际空气污染及向海洋倾倒垃圾等环境污染活动[63]。1994 年 CEPA 被政府重新评估，并于 4 年后被修正，其修正的方向主要表现为应对环境问题的复杂性以及科技进步，如新法案要求厂商和消费者证明其生产的新产品不会对环境或人体健康造成损害；加强了对危险废物越境转移、可回收有毒物质和无危险废物的最终处理权；增设了新的政府机关，处理造成国际水污染的加拿大污染源；授权确定新型汽车和其他机动车的排放标准；规定如果政府未能执行 CEPA，公众有权对环境破坏行为进行诉讼。可以说，严格的环境保护法案在相当大程度上促进了加拿大环境产业的蓬勃发展。

日本：在环境管理方面采用强化管理，制定严格的环境标准和法规。日本的环境管理始终与经济发展密切联系，首先把重点放在“防”而不是“治”上，重视环境影响评价，防患于未然，减少污染和突发性事故造成的经济损失。日本在环保产业发展的初期就把发展的目标定位为从源头控制污染，广泛采用清洁生产技术。

德国：德国的环境保护政策所遵循的原则是：“预防”原则、“谁污染、谁治理”原则和“协作”原则。德国的环境法，是以欧盟的法律为基础制定的。在环保领域法律强制要求公民必须做什么和禁止做什么，使具体的污染得到有力控制，这是直接的行为调控，包括 6 种法律措施：第一，报告和通告义务；第二，禁令；第三，附加规定；第四，监控措施，调查企业行为，对企业造成的污染提出改进措施，甚至中止企业运转；第五，要求，把某种行为看成是个人或企业的义务。例如，法律规定在某些污染严重的领域，企业必须购买先进的环保设备才可以进行生产；第六，制裁，具有实际效果和威慑作用，是前面几种法律措施的补充和完善。

（3）运用经济手段扶持市场

激励机制和刺激手段是经济政策的主要内容，是利用价格、税收、信贷、投资以及采用微观和宏观经济调节等经济杠杆来调整和影响投资者、生产者和污染者对污染防治的决心、信心和行为的政策，具有明显利益的刺激效果。

1）财政支持

发达国家注重采用预算补贴、融资、税收支持政策将企业外部成本内部化。扶持和鼓励企业加大环保设备投资和技术开发，对技术革新项目提供直接补助，帮助企业真正建立起资源回收利用产业发展的利益驱动机制。

美国联邦政府和州政府的财政支持，通过对环保项目的转移支付来解决环保产业的资金短缺问题。如在污水处理方面，美国建立了“清洁水州立滚动基金”，为了扩大基金量，在 50 个设立该滚动基金的州中，有 34 个州通过发行“平衡债券”（用滚动基金中的 1 美元作担保发行 2 美元的债券）使其滚动基金的可使用资金共增加了 44 亿美元[64]。此外通过立法等措施对环保产业及其相关项目给予一定的资金补助。例如，美国《联邦水污染控制法》中规定：在污水处理管理计划得到良好实施的前提下，城市污水处理厂只要采用美国国家环境保护局认定的“最佳实用处理技术”，均可向美国国家环境保护局申请补助，经批准可以获得很大比例的建设补助费[62]。

日本采用经济手段促进环保产业的发展，主要包括财政补贴、减免税、低息贷款、折旧优惠以及奖励制度等，优惠政策的资金从国家投资和排污收费中开支[64]。财政投资与贷款项目基金是一项政府贷款制度，1960 年日本开发银行建立了对公害防治对策给予资金支持的贷款制度，主要用于帮助大企业进行公害防治投资。1965 年，专门帮助公害防治对策实施的机构——日本环境事业团（JEC）成立，该机构主要为中小企业提供公害防治资金支持。与过去中央政府主要采取制定法规等间接措施相反，现在情况有明显变化，中央政府也直接参与到项目之中。1970 年国会通过了大量法律法规，这些法律法规生效后，企业的公害防治投资直线上升。在私营企业的筹资过程中，政府金融机构分担了一部分。

2）税费机制

近 30 年来，世界各国，尤其是一些工业发达国家已逐渐形成完善的环保税制（表 2.4-1），利用环保税制的经济杠杆作用，促进环保产业的快速发展[65-67]。工业发达国家还积极采用税收减免和优惠等政策，鼓励企业节约资源、积极治理污染，鼓励科研单位加强节能和治理污染的科技开发。这样，一方面可以减少发展经济对环境的破坏，促进自然资源的有效利用；另一方面可以变废为宝，提高综合效益。

美国在发展环保产业过程中，采用了许多经济手段作为法律、法规手段的补充，刺激企业遵守环境标准或遵守环保法律、法规[68]。其采用的经济刺激手段主要包括：①税收刺激。政府一般对企业征收固定资产税，但为了鼓励企业安装环保设施，在地方税收方面采取了减免税的特别措施。②征收排污清理费。根据伯芬德法，“如果你使环境遭到污染，你就必须支付清理费”。也就是所谓的“排污即付费”。正是因为美国在环保产业发展初期采取了一系列灵活的经济刺激手段，才使得环保产业在短时间内能够迅速发展起来。

表 2.4-1 发达国家环保税制

税种	措施内容
水污染税	①德国从 1981 年起在全国范围内课征废水污染排放费，后制定《废水税法》； ②法国对排放的污水征收“水污染税”； ③荷兰于 1969 年开征“地表水污染税”
空气污染税	①日本自 2000 年起对所有种类汽车实行“绿色税收制度”； ②澳大利亚自 1993 年起对机动车征税，根据其发动机功率计税； ③芬兰于 1990 年实施了“一揽子”环保计划，包括提高汽车燃油税，对安装和未安装尾气转换装置的汽车适用不同税率，对汽油车和柴油车适用差别消费税税率； ④比利时自 1995 年起规定销售机动车除交一般增值税外还要交“汽车流转税”； ⑤瑞典对各类废气污染排放征税； ⑥美国对使用机动交通工具产生的污染课征环境税，税法还规定了二氧化硫的不同课税标准
垃圾税	①瑞典、加拿大、比利时都对电池课以重税； ②比利时、丹麦、芬兰和加拿大的一些省份对一次性饮料包装物课税； ③意大利、日本对塑料袋课税； ④丹麦、美国对一次性剃刀征收环保税； ⑤比利时对一次性相机课税； ⑥荷兰开征政府垃圾收集税
噪声税	①美国洛杉矶对机场的每位旅客和每吨货物征收 1 美元噪声治理税； ②日本按照飞机着陆架次计征税； ③荷兰的噪声税是政府对民用飞机的使用者（主要是航空公司）在特定地区（噪声影响区域，主要是机场周围）产生噪声的行为征收的一种税

3）投融资

国外环保产业投融资机制呈现出以下特点[69]：

首先，投融资主体多元化。对于环保产业的发展，发达国家并不完全依赖于政府，而是在很大程度上将目光投放于市场，利用多元化的手段解决目前各个国家环保产业发展的“资金瓶颈”难题。发达国家在环保产业投资主体上形成了以市场投资为主、以政府和非政府组织为辅的多元投资格局。

其次，投融资方式多样化。美国、日本及欧盟一些国家的投融资采取了 BOT、BOOT、TOT、ABS 等新的投融资方式，并开发出环境金融产品，如绿色抵押、生态基金、排放减少信用等。

再次，投资力度大。据统计，1995—2004 年发达国家用于环保治理的费用年均递增 14.5%，而此前的 10 年仅为 10.3%。同期，发达国家私人企业用于发展环保产品（服务）的投资年均递增 18.5%，而此前 10 年为 11.8%。其中，德国增长最快，近 10 年工业企业的上述支出年均增长 25%[64]。

最后，政企责任明确，发挥各自的效用。从目前各个国家的投融资主体以及投融资结构等方面来看，政府和企业责任明确，能尽最大可能地发挥各自的效用。如美国，在公共设施建设方面，联邦、州和地方政府都是尽自己最大可能，做好筹措资金、规划设计、统筹安排等工作；而相应的企业以及私人部门，则是在政府引导下，积极投资于适合企业发展的产业方向。这样，政府可以很好地从宏观上把握环保产业的发展，而企业则有效地在微观层次很好地完成了环保产业发展的有关具体方面，这种宏微观的结合，也非常有效地推动了环保产业的发展。

4）政府与企业合作

环保产业的快速发展，离不开政府对环保研发领域的大力支持。发达国家十分注重加强与企业和科技界之间的合作，直接参与环境相关技术和产品的开发，从而大大带动了环保企业的私人投资，这种做法很值得借鉴。如美国国家环境保护局多年来一直预算 65 亿～80 亿美元的资金主要用于环保的基础设施投资、环境技术的研发项目和信贷投资，为美国环保技术的发展提供了有力保障[70]。美国在 2003 年将环保业、产业界、大学和政府组织联合起来，组成美国东北部创新集团（Northeast CHP Initiative），如今大约有 6 万家美国公司活跃在环境技术领域，其中包括很多中小公司和数家大型跨国公司[24]。

日本经验表明，高度重视政府与市场力量的有机结合，发展环保产业，在起始阶段离不开政府的推动，在关键时期，政府还要发挥重要作用，政府相关部门的统筹管理、协调是产业发展的组织保证[71]。

（4）创新环保技术促进升级

发达国家环保产业发展过程中，清洁生产技术和清洁产品的开发占有较大比重，这与发达国家污染控制型产业已趋于稳定而产业环保化进程突飞猛进的发展趋势是相吻合的。

美国联邦政府特别重视环境技术的商业化和环境技术出口，在 19 世纪 90 年代初期就制订了加速技术商业化计划和环境技术出口计划及出口资助计划。加速技术商业化计划的目标是确保好的环境技术能够尽快地进入市场，重点是那些公共部门和私营部门都有需求的共性技术，通过协调现有私营部门和联邦机构对环境技术发展的投入、环境技术的示范、检验和推广提供支持。环境技术出口计划和出口资助计划则包括商务部和环保产业界一起，为环保企业提供全球环保产业市场分析情报及美国进出口银行对向发展中国家出口环境产品的企业提供贷款支持等内容。这些环保技术政策、环保技术商业化计划、环境技术出口计划和出口资助计划在很大程度上促进了美国环保产业的发展，推动了美国环保产业的全球化[72]。

日本非常重视环境保护科学技术，在加强环保技术自主研发的同时也着重引进国外先进技术[73]。日本以创造新技术和实现产业生态化为目标的独特技术政策，使日本在短时间内掌握了很多低成本、高效益的新型污染治理技术，创造了节约能源和资源的全新清洁生产工艺，形成了一支有国际竞争力的环保装备供应企业。当前日本环保技术政策的发展趋势，一是积极参加全球环境科学综合研究，广泛开展国际合作，开发全球性环保技术，对地球周围环境进行综合性观测；二是针对国内外环境公害问题，推出“地球环保产业”，通过竞争与协调建立国际市场，大力输出日本的环保技术、成套设备及其附属设备。

在荷兰鼓励环境技术创新是工业政策的一个重要组成部分，政府与企业、研究机构及大学合作开发环保技术，政府制定了具体的环保技术研究与开发政策，包括废品的再利用和循环使用、能源技术研究与开发等。此外，对个人环保技术研究开发所得税给予减免优惠。

意大利侧重于知识的获取和共性的基础技术的研究，竞争性的产业技术的发展，主要靠企业的研究与开发。技术政策具体包括：获取能够用来支撑环境法律体系、环保组织机构不断拓展，以及环境友好技术不断进步的知识和手段；获取在正常和受控条件下环境变化的过程和机理的知识；进行持续不断的技术创新，以克服环保法律实施中的技术和金融保障；培训工人，传播知识，提高公民环保意识。优选研究领域包括：减少能源交通产业的排放、减少成熟工业和农业对环境的影响、垃圾处理、饮用水供应、环境检测和管理软技术。

（5）鼓励公众参与

全球环境保护事业的原动力来自公众，没有公众参与就没有环境运动。邀请公众参与、听取公众意见可以采取书面征求意见、座谈会、论证会、听证会等多种形式[74]。环境保护部《关于推进环境保护公众参与的指导意见》中明确指出：环境保护公众参与是指公民、法人和其他组织自觉自愿参与环境立法、执法、司法、守法等事务以及与环境相关的开发、利用、保护和改善等活动。公众参与环境保护是维护和实现公民环境权益、加强生态文明建设的重要途径，积极推动公众参与环境保护可以有效提高全社会公众的环境保护意识，极大推动环保产业的发展。

环境保护公众参与一词最先起源于美国 1969 年出台的《国家环境政策法》，1970 年 4 月 22 日，约 2 000 万美国群众参加了环保游行活动，这一天被称为“地球日”得到永久纪念并成为现代公众参与环保运动的开端，随后被许多国家所效仿[75]。“地球日”开启了此后几年美国环境立法的黄金时期，《清洁空气法》《清洁水法》《濒危物种法》等美国环保的基础法案相继出台[76]，美国国家环境保护局也在 8 个月后应运而生，将公众参与具体细化到每一个环境决策、标准制定以及许可证管理制度之中，并且授权任何公民可以就公众参与提起司法审查或者公民诉讼，成为推动美国成为全球环保产业最发达国家的重要因素。

日本是环境保护公众参与方面富有特色的国家，政府将公众环境权益法律化、制度化，通过一系列的法律和政策赋予和保障了公众的环境权益并激励公众对环境损害行为进行监督和制约，将公众参与程序纳入政策制定过程，加强了环境保护公众参与的社会制衡作用，使得日本在 20 世纪 70 年代开始很短时间内就克服了环境污染问题，长期保持社会经济与环境保护协调发展[77,78]。公众环境意识的提高极大地促进了企业发明、使用新的生产技术方法，推动了环保产业的发展。

3 环保产业园区发展的影响因素与模式研究

针对产业园区的培育与发展问题的研究，产业集聚理论已经成为最重要的经济学理论。产业园区作为一种经济形态，是产业聚集理论的实践表现形态，核心价值在于其具有产业聚集效应。英国经济学家 Marshall[79]最早对产业集聚进行直接研究，他从外部经济和规模经济的角度阐述了产业集聚的经济动因，Weber[80]首次提出了集聚经济的概念，Hoover[81]将企业集聚产生的规模经济定义为某产业在特定地区集聚体的规模所产生的经济。20 世纪 90 年代产业集聚理论研究进展显著，Krugman[82]认为密切的经济联系而不是比较优势导致产业集聚，Porter[83]阐明了集聚对地区竞争力的重要性，并指出产业集聚促进了企业生产效率、区域竞争力以及区域创新能力的提高。从产业集聚效应来看，产业集聚可以吸引更多企业集中布局，产生更大的集聚经济效益[84]；产业集聚能够使企业提高生产率，推动企业创新[85]；产业集聚对经济资源有着较强的吸引力，能促进区域产业结构的升级转换，从而促进区域经济发展[86]。国外环保产业起步较早，因此也有部分学者就环保产业集聚问题开展了一定的研究工作，包括通过何种手段来促进环保产业的集聚以及环保产业的集聚效应等[87]。

国内对于产业园和集聚区的研究与国外相比起步较晚，直到 20 世纪 80 年代中后期，我国学者才对产业集聚现象进行系统性研究。国内关于产业集聚的研究为解释产业集聚尤其是企业集群现象做出了重要贡献，但是目前国内关于产业集聚理论的研究还处于起步阶段，产业集聚理论的很多方面都有待于进一步研究。地方产业集群研究是国内产业集聚研究的热点，定量研究以区域制造业产业集聚的实证研究居多。近几年已经逐渐开始有国内学者关注环保产业的集聚问题，包括环保产业集聚绩效影响因素以及环保产业集聚发展动力等。

3.1 相关园区的发展概况

3.1.1 相关园区简介

目前，我国由原环境保护部或原国家环保总局批准的国家级环保科技产业园共 8 个、国家环保产业基地共 3 个（表 3.1-1），均为 2005 年及以前更早批准建设的，此外还有一些近年来发展比较好的重点环保产业相关园区。

表 3.1-1　原环境保护部或原国家环保总局批准的国家环保科技产业园及基地

	序号	名称	批准日期	园区规划建设特色与重点
国家级环保产业园区	1	苏州国家环保高新技术产业园	2001 年	以培育孵化环保高新技术为重点，建成我国环保技术创新和高新技术的培育转化基地、环保高新技术产品的展示和交易中心、国外环保高新技术转化和产业投资窗口，采用股份制公司的模式运作和发展
	2	常州国家环保产业园	2001 年	由“三园两中心”（环保工业园、环保生态园、环保科研园、环保产品展销中心和环保产业咨询中心）组成的国家环保产业园，是中国环境保护产业协会指定的环保产业示范基地
	3	南海国家生态工业建设示范园区暨华南环保科技产业园	2001 年	是原国家环保总局批准成立的全国首个国家级生态工业示范园区，集环保科技产业研究、开发、应用、生产、孵化、技术扩散和技术创新等诸多功能于一体的国家环保科技产业园
	4	西安国家环保科技产业园	2001 年	是建设在西安高新技术产业开发区内的园中园，由示范区、发展区、虚拟区三区组成，以环保科技咨询服务、环境友好型产品生产、环保设备材料生产为主导产业
	5	大连国家环保产业园	2002 年	是东北地区第一个国家级环保产业园区，优先发展环境科研、环境教育、环保产业设备（产品）、环境工程、环境宣传、环境咨询服务、污染治理设施运营、资源再生及综合利用、环境相关领域的高新技术和产品
	6	济南国家环保科技产业园	2003 年	是济南高新区的重要组成部门，主要发展水资源循环利用、太阳能、风能、生物能等新能源以及纳米等环保新材料等产业
	7	哈尔滨国家环保科技产业园	2005 年	包含集环保科技研发与高端装备制造、环境服务等功能于一体的集中区和环保装备加工制造园区、静脉产业园区、资源循环利用产业园区、清洁生产技术示范园区 4 个专业子园区
	8	青岛国际环保产业园	2005 年	是我国第一家定位“国际”的国家级环保产业园区，也将是第一家企业主导、著名高校参与、以循环经济概念为开发理念的环保产业园
国家环保产业基地	1	沈阳市环保产业基地	1997 年	水处理成套设备开发生产试点
	2	国家环保产业发展重庆基地	2000 年	以烟气脱硫技术开发和成套设备生产为重点；逐步开发适合西部发展需要的生活垃圾处理、城市污水处理以及天然气汽车的相关技术和设备；并建立和完善相应的环保技术服务体系
	3	武汉青山国家环保产业基地	2002 年	重点发展固体废物资源综合利用和脱硫成套技术与设备两个主导产业

表 3.1-2 其他环保产业集聚区

序号	名称	建设时间	规划建设特色与重点
1	中关村环保科技示范园	2004 年	定位于集科研、中试、生产、商贸、技术交易、科普于一体的综合性园区，是京津冀都市圈以及华北地区环保技术开发转化中心
2	上海国际节能环保园	2007 年	主打低碳领域、环境服务领域
3	上海花园坊节能环保产业园	2008 年	具备展示、交易、集成、服务四大主题功能
4	中国宜兴环保科技工业园	1992 年	园区在“三废”处理、资源化利用、环境修复等细分领域拥有一大批具有国际国内先进水平的优势技术企业，与国内众多大学、科研机构搭建了产学研合作平台，在水、气、声、固、仪全产业链形成覆盖
5	中国宜兴国际环保城	2007 年	设有产品展示交易服务平台、科技成果转化服务平台、检测认证服务平台、融资服务平台、创业孵化服务平台、环保工程设计服务平台、信息服务平台、生产加工制造服务平台等十大服务平台
6	天津子牙循环经济产业区	2007 年	重点发展废旧电子信息产品、报废汽车、橡塑加工、废弃机电产品精深加工与再制造等产业
7	湖南环保科技产业园	2003 年	主要集中于汽车、工程机械及零部件和环保三大主导产业；形成了以贝尔环保、先步信息等企业为代表的环保产业集群
8	中新天津生态城	2007 年	以“资源节约型、环境友好型”的生态宜居城市作为基本定位
9	青岛新天地静脉产业园区	2005 年	建立了废弃电器电子产品、报废汽车、废旧轮胎等废物的回收、运输、资源化利用、无害化处置的链条式循环经济产业体系
10	盐城环保科技城	2009 年	2015 年被命名为国家大气污染防治装备高新技术产业化基地，在烟气治理、工业固体废物处理及污水处理等多个领域，已经形成较为完整的环保产业链，其中大气污染治理产业位列行业榜首

3.1.2 分布情况

已经批准建设的国家级环保产业园区、环保产业基地以及重要的环保产业集聚区的分布特征与目前我国环保产业的总体分布特征类似，基本也是呈现“一带一轴”的分布格局，即北起大连南至珠三角的环保产业“沿海产业带”，以及东起长三角西至重庆市的环保产业“沿江发展轴”。

从各区域的发展情况来看，长三角地区环保产业发展基础最好，是我国环保产业最为聚集的地区，目前已初步形成以宜兴、常州、苏州、南京、上海等城市为核心的区域环保产业集群。环渤海地区在人力资源、技术开发转化方面具有明显优势，北京、天津分别拥有国家命名的北方环保技术开发转化中心和北方环保科技产业基地，山东、辽宁环保产业基础较为雄厚，资源综合利用、环保装备制造等方面具备一定的发展优势。珠三角地区的佛山，中西部地区的武汉、西安、重庆，东北地区的哈尔滨等城市则依托本地发展优势，打造差异化的环保产业园区。

（1）宜兴——国内环保产业发展龙头

宜兴环保科技工业园，是 1992 年经国务院批准的首批国家级高新区之一，是当时唯一设在县级市的高新区，也是唯一以环保特色命名的高新区，列入《中国 21 世纪议程》优先发展计划。园区初期规划面积仅有 4 km^2，截至 2012 年与北部紧邻的高塍镇实施统筹发展，区域面积达 212 km^2，形成“一园三区”新格局。

经过 40 年环保产业积淀和 20 多年的建园史，宜兴环保科技工业园形成了独特的发展优势，拥有 1 500 多家环保企业、3 000 多家相关配套企业、4 万名专业从业人员，形成了规模总量 500 多亿元的环保产业集群。水处理设备的自我配套率高达 98%，国内市场占有率达 40%，构建了集研发设计、装备制造、物流仓储、销售与服务等多种功能于一体的产业支撑体系，投运了国内乃至国际最大的环保设备和产品的集散交易中心——国际环保城，并成功举办了数届交易会，是我国环保企业最集中、产品最齐全、技术最密集的产业集聚区。

宜兴国际环保城设有产品展示交易服务平台、科技成果转化服务平台、检测认证服务平台、融资服务平台、创业孵化服务平台、环保工程设计服务平台、信息服务平台、生产加工制造服务平台等十大服务平台，旨在打造全国环保产业公共服务基地，成为环保产业政、产、学、研链接的中枢和环保产业发展的制高点。区内有 17 家企业进入环保行业全国百强骨干企业阵营。美国、德国、丹麦、意大利、西班牙、韩国、日本等国家的众多国际知名品牌在环保城聚集。

为了推动环保企业由制造业向高端服务业发展、大力发展环境服务业，园区还在 2015 年建成了中宜环境医院。中宜环境医院是全国首个环境医院，以宜兴环保产业集团为龙头，依托宜兴环保企业集群，整合国际国内领军专家、领先技术、优势企业、资本等，以各产学研创新平台为支撑，为国内外的区域环境治理提供系统解决方案、工程建设和运营服务等全程综合服务，集聚污水处理、给水处理、固体废物资源化、污泥处置、土壤修复、流域生态治理、农村环境连片综合整治、废气噪声治理、环保物联网等专科门诊 11 个。

（2）北京：环保技术开发转化中心

北京环保产业兴起于 20 世纪 70 年代初，目前有中关村环保科技示范园、朝阳循环经济产业园、通州国家环保产业园等园区，形成了集环保技术开发、孵化、产品展示交易、技术服务等于一体的现代化环保产业，逐渐发展成为京津冀都市圈以及华北地区环保技术开发转化中心。

中关村环保科技示范园规划建设面积 175 万 m^2，正建成“一个园中园、两个基地、两个中心、三个服务区”，形成集科研、中试、生产、商贸、技术交易、科普于一体的综合性园区（一个园中园即仪器仪表园，两个基地指研发基地和中试孵化产业基地，两个中心指科普教育中心和展示交易中心，三个服务区指综合管理服务区、生活休闲区和商务区）。朝阳循环经济产业园现占地面积 244 hm^2，定位为固体废物综合资源化处理中心、固体废物处理科研开发教育中心、循环经济产业发展示范中心。

通州国家环保产业园内有桑德集团、海斯顿环保设备、保绿再生处理、富鼎环保设备、志峰环保设备。

（3）苏州：环保高新技术聚集地

苏州市以苏州高新区和苏州工业园区为主要载体，重点发展节能技术与装备、环境治理技术与装备、环保新材料、空气净化技术与装备、环境监测仪器和节能环保服务、电子废弃物资源化等。2010 年全市环保产业产值超过 700 亿元，规模以上环保企业 250 家以上，形成了以科林环保、新中环保、苏州环境工程等为龙头的环保企业。

苏州国家环保高新技术产业园是国内首家国家级环保高新技术产业园，已经发展成为一个集环保企业、环保信息交流、环保知识培训、环保产品展示、环保科技服务于一体的专业园区。苏州工业园区以低碳与环境技术为核心、以中新生态科技城和中节能苏州环保科技产业园为中心构建环保产业的“一区两园”发展模式。其中，中新生态科技城主要发展空气净化、环境处理技术与装备、环境监测仪器等生态环保技术及产品；中节能苏州环保科技产业园引进环保节能、新能源、低碳节能、日光照明、LED 等环保节能产品。

（4）上海：产业链健全化与国际化的环保产业集散中心

上海以“国际化、国家级”为总体目标，以“市场化、服务型”为根本宗旨，以上海国际节能环保园、上海花园坊节能环保产业园、上海市环保科技工业园等为据点，集聚环保产业领域的政府及行业机构、企业、人才、信息、资本等，形成协同发展的节能环保产业链。

上海国际节能环保园占地 500 亩，主要由在低碳领域具有优势的中央企业中国节能环保集团公司开发、建设和管理；是吸引世界先进节能环保理念、技术、产品，提高国内企业自主创新能力的转化促进中心；将发展成为具有世界一流水平的节能环保服务业的示范基地。

上海花园坊节能环保产业园着力塑造节能环保产业的展示、交易、集成、服务四大主题功能。区内展示了世界领先的几十种节能技术和工业、交通、民用、建筑方面的节能环保技术；入驻的上海环境能源交易所可以实现节能减排技术和专利权转让、排污权交易、清洁发展机制项目交易等。园区已发展成为服务长三角地区节能环保产业合作发展的商务区。

（5）天津：产学研有机结合的循环经济城

天津依托天津子牙循环经济产业区和天津宝坻节能环保工业区等，引进南京大学光电源材料研究所等科研机构，建立再生资源研究所、循环经济科技研发中心等，围绕发展循环经济、清洁生产技术、资源综合利用等课题开展科技研发、加工制造和教育培训，逐步形成了产学研一体化的环保产业发展机制。

天津子牙循环经济产业区是中日循环型城市合作项目，被先后批准为“国家循环经济试点园区”“国家级废旧电子信息产品回收拆解处理示范基地”“国家进口废物‘圈区管理’园区”；重点发展废旧电子信息产品、报废汽车、橡塑加工、废弃机电产品精深加工与再制造等产业；年拆解加工能力达 100 万～150 万 t，每年向市场提供铜 40 万 t、铝 15 万 t、铁 20 万 t、橡塑材料 20 万 t，形成了覆盖全国的有色金属原材料市场。

天津宝坻节能环保工业区重点发展高附加值的脱硫除尘、海水淡化和污水处理设备、稀土节能灯具、工业用高效节电器等，成为京津冀重要的环保产品制造业基地和航空、医用新材料制造基地。

（6）武汉：中部环保产业发展新秀

武汉正在构建和完善武汉青山（国家）节能环保科技产业园，目前园区主要企业为武钢生产提供配套和服务；产值千万以上规模的节能环保企业有两家，从事的是固体废物资源利用和生态环境材料产业。

园区正在打造“一园、四区、五群、两中心”的发展格局，将建成集研发、制造、咨询服务和生态宜居 4 个功能区于一体的国家节能环保科技产业示范基地核心区和国家低碳循环特色产业发展平台。园区核心产业为脱硫脱硝、固体废物处置、水处理设备制造；计划到 2015 年，核心产业初具规模，其总产值达 17.6 亿元、企业数达 9～15 家；到 2020 年核心产业规模以上企业达 30～45 家，其总产值达 43.5 亿元（五群指节能环保装备制造产业集群、再生资源与生态环境材料产业集群、冶金化工装备制造产业集群、节能环保与化工新材料产业集群、节能环保咨询服务产业集群）。

（7）深圳：环保产业集约化和专业化演进发展之都

深圳一直重视环保产业的发展。环保产业园和环保技术研究院，即“一园一院”建设项目，是深圳市加快发展环保产业的重大部署。该项目将打造国内第一个环境优美、环保高科技企业云集的环保科技村、污染零排放的低碳示范社区。

环保产业园内将建成环保技术研发中心、环保设备总装中心、环保科技信息中心、环保产品展示中心、环保技术成果交易中心五大中心；开展建设低碳社区的评估体系和碳计量研究等；3～5 年内，建设成为华南乃至中国的环保产业总部基地、环保高新技术研发基地、环保技术转化中心、环保项目融资平台。

深圳京能科技环保工业园是中节能（深圳）投资集团有限公司投资 1.5 亿元建设的高

新技术研发生产基地，占地面积 58 000 m^2，建筑面积 86 000 m^2，与思达仪表、五洲龙汽车、兴日升等多家高新技术企业相连。区内主要企业有深圳恒仁星科技有限公司、深圳市动力聚能科技有限公司等。

3.1.3 运营状况

我国虽然在各地建立了众多以环保产业为主导的产业园区，但多数园区的运营情况并不乐观。清华大学在 2010 年开展的调查资料显示，“环保产业”的名不副实现象存在于很多环保产业园区当中，一些园区虽然挂着环保产业园区的招牌，但入驻的环境企业比例很小，与普通的工业区或开发区的差别不大[88]。被调研的 11 个国家级环保产业园区、28 个地方环保产业园区的运营现状如图 3.1-1 所示。

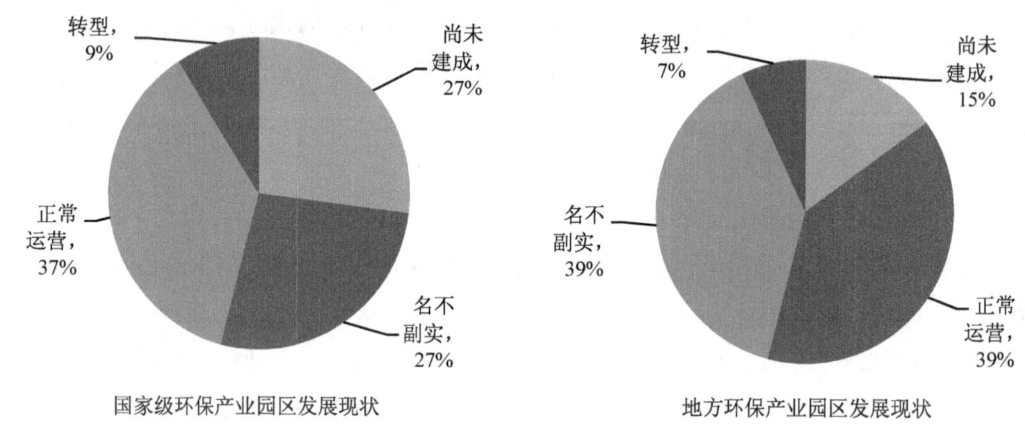

图 3.1-1 我国部分环保产业园区运营现状

资料来源：清华大学环保产业研究所，《中国环境产业聚集地研究》，2010。

如武汉某环保产业园，14 家企业中只有 2 家环保产业，大部分企业实际是为武钢配套的企业；山东某环保科技产业园，汇集了环保、石化、房地产、化纤、冶金、印务、建材、空调等众多行业的企业；有些环保产业园忽视了产业的发展，甚至已经成为房地产商开发圈地的幌子。

3.1.4 存在的问题

（1）国家对环保产业园区在政策上不够明确，具体政策缺位

对于是否要大力发展环保产业集聚区，国家层面在政策方向上并不明朗。1997 年由原环保总局发布的《关于环境科学技术和环保产业若干问题的决定》中清楚地表明“重点扶植一批环保骨干企业，组建环保产业集团和环保高科技基地”，2012 年国务院印发的《“十二五”节能环保产业发展规划》中提出“建立一批节能环保产业化科技创新示范园区，支

持成套装备及配套设备研发、关键共性技术和先进制造技术研究”，2016 年国家发展改革委等部门印发的《“十三五”节能环保产业发展规划》已经意识到现有环保产业集聚区经营状况不理想的问题，提出“加快产业集聚区提质增效”。多年来，国家和地方层面出台的涉及环保产业园区和集聚区的政策并不多，已经提出的多为原则性的政策，大方向的不明确使环保产业集聚区发展所需的一系列配套工作，如各项优惠政策、发展规划的制定、相关管理部门的权责分配等一直难有进展，已经获批建设的各类环保产业园区在缺乏宏观政策支持与指导的环境下各自探索、艰难发展。

在具体政策的出台上，一直没有出台直接针对环保产业集聚区的具体政策，即使是更宽泛的与环保产业相关的鼓励政策，也大多停留在原则性层面，可操作性差，难以在实际中有效落实，园区和企业很少获得来自环保产业鼓励政策方面切实的帮助。由于政策上的不到位，环保产业集聚区相对于经济技术开发区、高新技术开发区等其他类型的开发区，缺乏特色和竞争优势，其自身的经营和对企业的吸引力都受到影响，普遍发展缓慢的状况又进一步增加了国家对建设环保产业园区的疑虑。

（2）环保产业园区发展良莠不齐，整体凝聚力和吸引力不强

大部分环保产业园区在创建之初，产业基础薄弱、市场发育不成熟、政策和资金不到位等原因导致在经营过程中招商困难，于是便放宽选择范围，导致入园企业良莠不齐、流动性大，缺乏明确的产业方向，多数环保产业园区已经名不副实。园区空置率高、财务负担沉重、园内企业散乱无章使园区的经营状况和整体发展状况堪忧，更加难以获得政府重视和扶持，对园外企业缺乏吸引力，也无法为园内企业创造良好的服务环境，导致部分入园企业选择退出，最终进入发展的恶性循环。

现有的环保产业园区仍普遍存在凝聚力和吸引力不强的问题，使得集聚效应难以形成，对产业的促进作用微弱。一方面，很多园区所在区域的环保产业基础薄弱，且所能提供的优惠政策与其他开发区并无二致甚至不足，使得园区在招商过程中吸引力不强，产业发展方向不明，园内企业业务庞杂，无法形成协作网络。另一方面，即使当地已经具备一定环保产业基础，但园区内企业由于缺乏关联配套和分工协作，导致产业链较短，入园企业依然是集而不群、发展缓慢。

（3）园区产业层次低，不能适应产业化的升级

国内的各个环保产业园区中，少部分园区在发展模式的设计中考虑了一些科技研发、现代服务等利于产业升级和长远发展的因素，但更多的园区对产业升级缺乏深入研究和科学布局，导致整体产业层次偏低，大都停留在装备制造业环节。加之园区内企业同质性高，没有形成相互支撑、相互依存的专业化分工协作产业网络，随着环境市场需求的日益复杂化和综合化，表现得难以跟上产业升级的步伐。这种现象在制造业发达的东部、中部地区尤为明显。

（4）脱离当地环保产业的产业基础

脱离当地环保产业基础同样是园区发展困难的重要原因之一。全国很多省市的环保产业园区，在缺乏产业基础的情况下，受限于当地实际的产业发展情况。如湖南长沙，该市的产业支柱主要是工程机械、汽车及零部件、家电制造。在这种环境下，位于长沙市的省级环保园，其入驻企业的主营业务也大多集中在汽车模具、精工机械、冶金机械、电线电缆、电力设备等，与环保产业联系不大。天津的生态城同样具有缺乏产业基础的问题，制造业在滨海新区占有绝对的优势地位，这样的背景环境与生态城的概念和产业方向并不契合，使得生态城在招商方面的选择空间受到限制，目前其 9/10 的土地以开发居住区为主，仅有 1/10 产业用地，产业用地的 1/3 为与环保产业关系不大的动漫产业园，入驻的环保企业数量有限，难以形成集群[114]。

（5）园区对产业的专业化服务程度低

园区的专业化服务，是指包括金融服务、信息服务、科技人才服务、商务服务、政策咨询服务、展示引导服务等多方位的配套服务系统。对环保产业的专业化服务程度低是普遍存在于各大环保产业园区的通病。园区产业配套服务不到位，有些是由于园区所在地区经济发达程度不足，相关的服务机构数量少、规模小，尚不具备提供完善服务的能力。有些则是由于园区对专业化服务轻视，在认识上仍然局限在提供基础性的物业管理服务、少量商业服务和展示服务上。

3.2 重点环保产业园区案例分析

3.2.1 中国宜兴环保科技工业园

（1）园区概况

中国宜兴环保科技工业园是 1992 年经国务院批准设立的国家级高新技术产业开发区，也是我国唯一以发展环保产业为特色的国家级高新技术产业园区。园区初步形成了以水处理为主，大气污染防治和固体废物处理等共同发展的产业格局，集研发设计、生产制造、工程施工、运营服务于一体的产业集群初具雏形。先后吸引了美国、日本、德国、荷兰、芬兰、新加坡、中国香港、中国台湾等 20 多个国家和地区的客商来园合资、合作，与哈工大、南大、清华等 80 多所大学院校形成紧密型产学研合作，设立环保技术研究院、研发中心和产业化基地。

（2）园区规模及产业布局

园区初期规划面积 4 km^2，后拓展到 15 km^2。2011 年与新街街道实施“园街一体”整合，扩展到 102 km^2，2012 年 4 月与高塍镇实施“统筹发展”，区域面积扩至 212 km^2。目前，园区已经形成了“一园三区”的规划布局（图 3.2-1），总用地面积 212 km^2，分 A、B、C 3 个功能区块。其中：A 区为城市功能区，占地 15 km^2；B 区为环保产业示范及生态休闲旅游区，占地 88 km^2；C 区为环保装备制造区，占地 109 km^2。

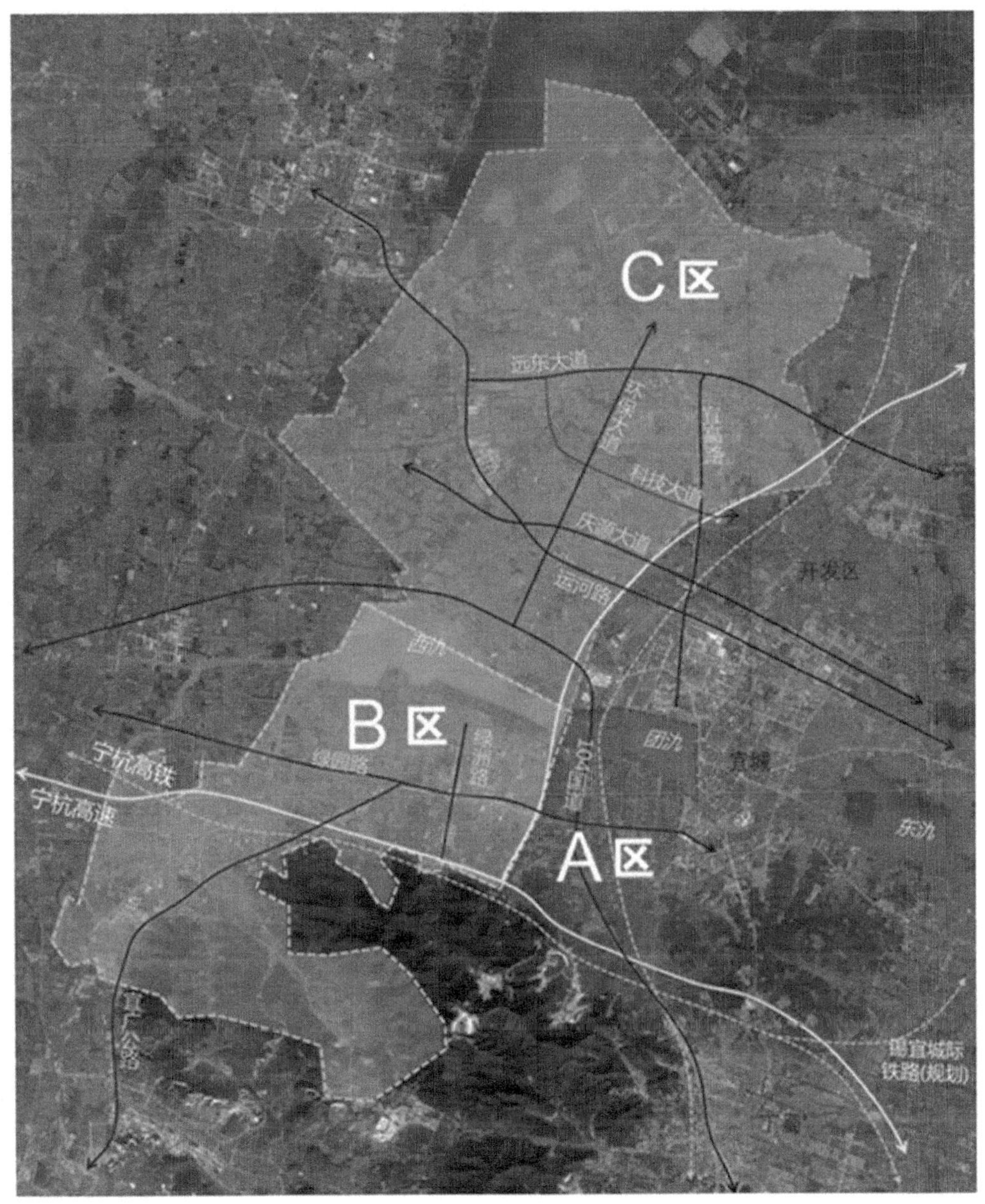

图 3.2-1 中国宜兴环保科技工业园分布

资料来源：中国宜兴环保科技工业园网站。

2011 年年初，为进一步增强园区承载力，提升园区形态、质态，加速推进园区跨越发展，决定规划建设八大载体平台。八大载体总建筑面积 150 万 m^2，可以归为四大类：一是科技研发类，包含大学科技园、青梅园环保谷；二是产业集聚类，包含科技孵化园、国际环保产业园；三是展示培训类，包含人才培训基地、产品展示馆；四是服务配套类，包含便利中心、人才公寓。目前八大载体平台中的六大载体已全面开工建设（表 3.2-1）。

目前环科园凝聚了 100 多名高精尖科技人才，邀请环保技术领域上百名专家加盟宜兴环保产业园，形成环保产业园发展的智库。达到了 500 亿元的环保产业规模，占全国水处理市场份额的 40%、装备配套率达到 98%，并向污泥、大气治理等其他领域延伸、转型。集聚了约 800 名环保企业家和 1 500 家环保企业，20 000 名环保商务从业人员，40 000 名熟练环保制造产业工人。

表 3.2-1　中国宜兴环保科技工业园载体平台建设情况

序号	载体平台	建设位置	主要功能
1	科技孵化园	位于锡宜高速东侧、绿园路北侧，总用地面积约 336 亩，总建筑面积约 29 万 m^2	主要由绿色低碳示范楼、研发办公楼、孵化厂房和研发厂房组成；其功能主要为为企业提供研发、中试及办公平台
2	大学科技园	位于茶泉路东侧、龙池路北侧；总用地面积约 290 亩，总建筑面积约 11 万 m^2	主要由研发办公、孵化厂房及公共服务配套用房组成；其功能主要是依托高校人才和科技成果，为高校提供科技平台，建设高等院校技术创新基地、研发总部及高新技术科技成果转化基地等
3	人才培训基地	为原铜峰中学地块，总用地面积约 58 亩，总建筑面积 2.3 万 m^2	主要是对原铜峰中学进行立面改造、内部装修、环境整合及配套完善，为南京大学、哈尔滨工业大学、同济大学等高校提供培训基地；同时为园区企业员工提供技能培训
4	人才公寓	位于氿滨水厂南侧、新长铁路西侧，总用地面积 132 亩，总建筑面积 13 万 m^2	主要由多层、小高层、花园洋房、会所等组成，分高、中、低 3 个层次，提供多样化选择以满足园区企业职工的居住需求
5	产品展示馆	位于绿园路北侧，用地面积 2.5 万 m^2，建筑面积 1.8 万 m^2	其功能是集园区规划、新产品、新材料、新技术、产学研展示于一体的大型展示中心
6	国际环保产业园	位于绿园路南侧、铁路西侧，总用地面积 200 亩，总建筑面积约 15 万 m^2	主要由高标准环保类生产厂房、研发办公楼组成，主要功能为为德国、美国等国外高端环保产业提供生产平台

（3）管理模式

中国宜兴环保科技工业园管理委员会属市政府直接管理，受市政府委托在环保科技工业园范围内履行市政府各有关职能部门的各项职能，实行“一站式”管理，代表市政府直接从事环保科技工业园范围内的规划、建设和管理开发工作，享有市级管理权限。中国宜兴环保科技工业园管理委员会下设党政办、党群工作部、经济发展局（含安全生产监督管理局）、招商局、科技发展局、财政审计局、规划建设局、社会事业局和监察室。中国宜兴环保科技工业园重点入园企业情况见表 3.2-2。

表 3.2-2 中国宜兴环保科技工业园重点入园企业情况

序号	企业名称	成立时间	主营业务
1	华都绿色工程集团有限公司	1994 年	以循环水设备厂、江苏省新华都环境工程设计研究院为核心层，专业从事环境污染防治设备的研制开发和制造销售及大型环境工程的设计开发和施工总承建设
2	鹏鹞集团	1994 年	集研发设计、设备制造、工程总承包、水务项目投资及运营管理于一体的具有完善的产业链的环保企业集团，可承担污水处理设施设计、承包、运营，固体废物、废液、废气焚烧、污水厂、生活垃圾处理、工业废弃物处置等多项业务
3	江苏凌志环保股份有限公司	1998 年	工程 BOT 项目运作；工程总承包一条龙服务；采用专有技术制造一系列通用、专利的供水和污水处理设备
4	江苏卓易信息科技有限公司	2008 年	信息化整体解决方案技术研究、应用与实施（孵化器）
5	江苏中超环保有限公司	—	集投资、设计、制造、施工、运营服务于一体，以水处理工程设计总承包及水务投资、运营为主要方向
6	江苏博大环保股份有限公司	1991 年	集技术研发、工程设计、设备制造、工程施工、技术培训、环境污染设施的托管运营服务于一体，以先进的环境微生物和膜技术为主体
7	宜兴国豪生物环保有限公司	2003 年	开发、培育生化餐厨废弃物、有机垃圾嗜热菌株群技术，配套生产各种型号处理设备
8	江苏鼎泽环境工程有限公司	—	环保设备制造和工程技术服务
9	江苏菲力环保公司有限公司	—	环保课题研究、环保工艺设计、环保设备生产销售、产学研“三位一体”的综合性环保总承包公司，优势产品是曝气系统
10	江苏华杉环保科技有限公司	—	专业从事高难度化工废水、高浓度氨氮废水处理及废水资源化利用处理工程

（4）园区的发展历程及发展关键

1）园区发展建设初期

1993 年，第一个国家级环保科技工业园落户宜兴。在国家企业改制政策的推动下，1994 年开始，宜兴的环保企业进入全面改制阶段，集体股大量退出。1994—1995 年，宜兴完成 200 多家企业的改制工作，宜兴环保企业再一次插上腾飞的翅膀。1996 年，宜兴环保产业达到顶峰，全国环保产品中 30%是宜兴生产的。

园区在发展建设初期有以下关键点：

①紧跟政策支持。各项环保法规政策陆续发布，初步建立了环保执法的科学技术规范，也为环保产业的发展打下了良好的基础。全国企业改制，为建设环保设备公司提高了效率和灵活度。工业园区的兴起，为宜兴产业园的建设提供了机遇。中国宜兴环保科技工业园于 1992 年 11 月经国务院批准设立，是当时我国唯一一个以发展环保产业为特色的国家高新技术产业开发区，同时是国家科技部和生态环境部共同管理和支持的单位，受到国家与地方政府的重视与大力支持。

②紧抓市场需求。20 世纪 80 年代末，全国进入建设污水处理厂的高峰期，到 1990 年，全国建成了 150 多座污水厂，各个工业项目也都同步配套了环保设施。污水处理厂和工业项目环保设施的兴建，为环境污染防治设备，特别是生活污水和工业废水处理设备带来了巨大的市场需求。同时，上海、江苏等房地产开发及“谁开发，谁治理”政策，也导致城市污水处理设备市场需求巨大。宜兴根据自己的地理优势和技术研发、设备生产优势，紧抓市场需求，实现环保企业的加速发展。

③良好的环保产业基础。1976 年 1 月，宜兴高塍公社农机厂召开了历史上第一个产品技术鉴定会，新型的 PVC 材质纯水离子交换柱成为了宜兴环保产业的起源。在我国环境保护法规政策大力出台的政策利好下，1979 年，依靠纯水制备而设立的宜兴县纯水厂开始涉足工业废水处理领域，产值几乎年年翻番。逐步发展起生产冷却塔填料的宜兴县太鬲建设设备厂。1980 年，在高塍的环保企业达到 32 个，1983 年由宜兴纯水厂和设备厂分别衍生出 22 个和 19 个企业。高塍的环保企业快速发展到 79 个。1993 年，高塍镇的环保企业达到 228 个，产值达到 6 亿元。宜兴环保工业园区是在此环保产业基础之上建立起来的，因此，园区建设初期的一个关键要素是宜兴地区已经有了较好的环保产业基础。

2）园区发展运营期

①转型升级期：20 世纪 90 年代末期，我国的环境非但没有完成“旧账”的清理，反而开始向未来预支，产生了“欠账”，环境状况开始急剧恶化。“零点行动”“淮河治理”“三河三湖”成为这一时期环保的重点。我国环境保护事业从点源控制向区域治理转变。国企、外资背景的工程公司、技术公司、设备公司纷纷进入环保行业，BOT、TOT、BT 等投资方式受到国家的青睐。环保产业由原来标准的“游击队+独立团”模式进入了“大兵团作战”时代。在外部竞争环境发生大变化时，宜兴环保产业开始出现大幅回落，进入慢进实退的阶段。宜兴环保企业被迫积极寻求转型升级。鹏鹞环保率先成立设计院，培养设计队伍，并拿到环保工程甲级设计资质。2003 年，鹏鹞控股的亚洲环保在新加坡主板上市。

经过 21 世纪头 10 年的发展，截至 2010 年，宜兴环保产业园规模以上产值 80.8 亿元，环保产业总产值189.7亿元。经过30多年的发展，宜兴环保装备涉及水、声、气、固、仪及配套产品六大类，200多个系列、2 000多个品种，环保水处理设备占全国市场份额的20%～40%。

②二次转型升级期：近年来，宜兴环科园围绕强化产业发展支撑功能，采取规划先行、园区引导、多元投入的发展模式，投资100多亿元，规划建设了200万m^2的各类功能性载体。园区投资建设了环保科技大厦、科技孵化园、国际环保展示中心、人才培训基地、人才公寓、大学科技园等功能性载体。

不仅形成制造业中心，还建设了科技创新创业中心、国内乃至国际最大的环保装备和产品的集散交易中心、环保论坛会展中心、青梅园环保谷等。启动国家环保装备检验检测中心、环保物联网中心、2011协同创新中心、中宜环保联合大学等一批高端平台建设，助力宜兴环保科技园转型升级。

园区在发展运营期有以下关键点：

①建立了孵化平台。江苏省（宜兴）环保产业技术研究院由宜兴环保科技工业园管理委员会投资设立，依托南京大学、哈尔滨工业大学等在园区的环保产业科技创新资源，凭借宜兴环保企业集群所蕴含的独特资源和优势，在战略前瞻、未来技术、工程示范、企业孵化、培训辅导等方面为所在地区的环保企业提供着眼于未来发展的综合服务和支撑。研究院是江苏省科技厅2011年批准设立的省级产业研究院之一，实行企业化运营，由宜兴市环科园环保科技发展有限公司独立进行建设和市场化管理运作。目前，宜兴市环科园环保科技发展有限公司作为研究院市场运作单位，已分别投资参股江苏哈宜环保研究院有限公司和江苏南宜环保研究院有限公司。

目前宜兴环科园已与南京大学、哈尔滨工业大学、中国环境科学研究院、南京农业大学等10多所科研院校建立了战略合作关系，建立了南京大学宜兴环保研究院、哈尔滨工业大学宜兴环保研究院、南京农业大学省级重点实验室等50多家产学研机构。这些机构为提高宜兴市环保产业的创新能力和核心竞争力做出了积极贡献。

②打造中宜“环境医院”模式。环科园正在打造的中宜“环境医院”，依托宜兴环保产业集群，以宜兴环保产业集团为“中场组织者”和龙头带动，来整合环科园园区及国际国内领先技术和优势企业，以已建的各类公共服务创新平台为支撑，以PPP（环境公用事业公私合营）、第三方环境治理服务为模式，为国内外的区域环境治理提供系统解决方案及工程建设和运营服务。

中宜环境医院已经通过专业的梯队建制，借助环科园长期形成的渠道优势，向全国布局，向全球推进。通过在宜兴建立“环境总院”，在全国建立“环境分院”及“专科门诊”，辐射全球市场。第一级建制是环境总院。目前，中宜环境医院即环境医院总院正借助科研院校的力量加快推进建设中。总院的企业、技术、设备、人才、资本的集成能力最强，也是“环境医院”系统的指挥中枢，统筹指导各地下属的分院以及项目运作管理。第二级建制是环境分院。分院根据各地的实际，布点区域型分院和功能型分院。区域型分院主要是针对全国各地区域性治理为主导目标进行建制。功能性分院设置在全国某一领域的产业集中区、根据产业特性进行综合治理的地区。第三级建制是专科门诊。针对细分领域的各种环境问题，专科门诊团队由各细分领域的有专业优势和竞争力的环保企业组成，在总院和分院的统筹管理下有针对性地开展工作。

③构建“一品一所一公司”运作模式。“一品一所一公司”是一种全新的“政产学研用”模式，解决了发展环保产业国家重视、企业积极，但高校学术成果在产业转化中往往出现“两头热，中间冷”的难题。所谓“一品一所一公司”，即一个科研产品+一个研究所（团队）+一家实施产业化的企业。这既是一条孵化链，也是一个活力迸发的“小平台”。江苏哈宜鼎泽厌氧技术有限公司是一个典型案例。它是以任南琪院士为核心的研发团队，主要围绕厌氧生物处理技术与环科园企业江苏鼎泽环境工程有限公司展开合作。借助哈宜公司的雄厚研发实力，新组成的哈宜鼎泽的厌氧生物处理水平显著提升，先后完成了三友化工废水处理项目和微密科技废水处理项目，迅速在业界打响了知名度。类似还有哈宜戴沃思生物技术有限公司、哈宜明轩泥技术有限公司、哈宜乾坤净水技术有限公司和哈宜美科面源污染治理有限公司，技术类别涵盖了厌氧、饮用水处理、信息技术、污泥治理、工程菌剂、面源污染处理等领域，造就了一批行业“单打冠军”。

3.2.2 苏州国家环保高新技术产业园

（1）园区概况

苏州国家环保高新技术产业园，是国家环保总局于 2001 年 2 月批准建设的首家国家级环保高新技术产业园，也是国内第一家采取企业化运作的特色产业园区。产业园的运营主体——苏州国家环保高新技术产业园发展有限公司，于 2003 年 1 月成立，由苏州高新区经济发展集团总公司、中节能实业发展有限公司、浙江中节能绿建环保科技有限公司、苏州新区创新科技投资管理有限公司共同出资成立，现注册资本 8 500 万元，公司总资产 3.35 亿元。

2006 年，苏州国家环保高新技术产业园在人民大会堂被授予“中国环保产业公众满意第一品牌”。2015 年，公司凭借“中国化工园废气在线监测”项目入选年度中美绿色合作伙伴计划。2016 年，公司被授予“2016 中国产业园区营商环境百强”。

（2）园区规模及产业布局

苏州国家环保高新技术产业园发展有限公司分 A、B 两个园区，具体分布见图 3.2-2。

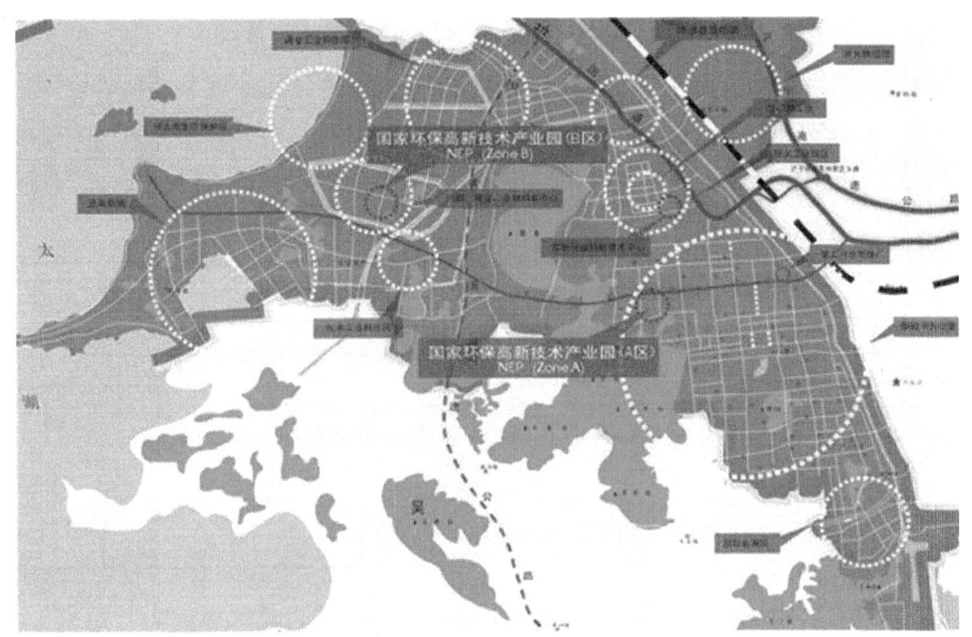

图 3.2-2 苏州国家环保高新技术产业园分布图

资料来源：苏州国家环保高新技术产业园发展有限公司网站。

环保产业园 A 区位于高新区鹿山路 369 号，占地面积 378 亩，自 2003 年开发建设以来，已累计建成面积 222 940.97 m^2。A 区业态丰富，涵盖机械厂房、电子厂房、科研办公楼、便利中心、环保宣教中心、打工楼及白领公寓。目前，已建成的工业厂房建设面积为 124 246.24 m^2，科研中心 12 190.12 m^2，孵化器 10 500 m^2，宿舍 69 421.48 m^2，配套用房 6 383.13 m^2。环保产业园 B 区位于苏州高新区昆仑山路南、浔阳江路西、金沙江路东，占地面积 204 亩，B 区共有 11 幢机械加工类厂房和 1 幢二层电子类厂房，总建筑面积为 75 062.43 m^2，借助苏州科技城的区位优势，为生产加工型企业提供优质载体。B 区入驻企业涉及汽车配件生产、光伏设备、信息存储高端产品的研发生产等多个领域。

随着环保产业园区载体建成，目前已经有多家中外高科技型企业入驻，其中有德国艾格霍夫公司、日本产机电子有限公司、星厚电子机械有限公司、康达利机电、联达不锈钢商用机械、佳和机电、诚丰家具、泰科诺线性马达有限公司、易安泰机加工机床有限公司、苏州万科环境工程有限公司、苏州金点流体控制系统有限公司、苏州西南环保技术咨询有限公司、波尔德射频技术有限公司、栗田工业水处理有限公司、昴星团超声波技术有限公司、多明尼净化技术有限公司等企业。

（3）投资运营模式

苏州国家环保高新技术产业园的运营管理模式主要是以苏州高新技术产业开发有限公司（苏高新）、江苏省苏高新风险投资股份有限公司和苏州新区科技发展资金为投资主体，成立“苏州国家环保高新技术产业园股份有限公司”（以下简称苏环园），下设几个部门。

该模式主要以从事国内外环保高新技术领域研究开发的企业、高校、科研机构和环保科技工作者为对象，利用自身优势和相关资源优势，对环保企业、环保高新技术项目和产品，在开发、研制和投入市场的过程中进行全方位服务，并根据情况对企业或项目进行参股或控股，以此来发展苏州环保高新技术产业园，具体见图 3.2-3。

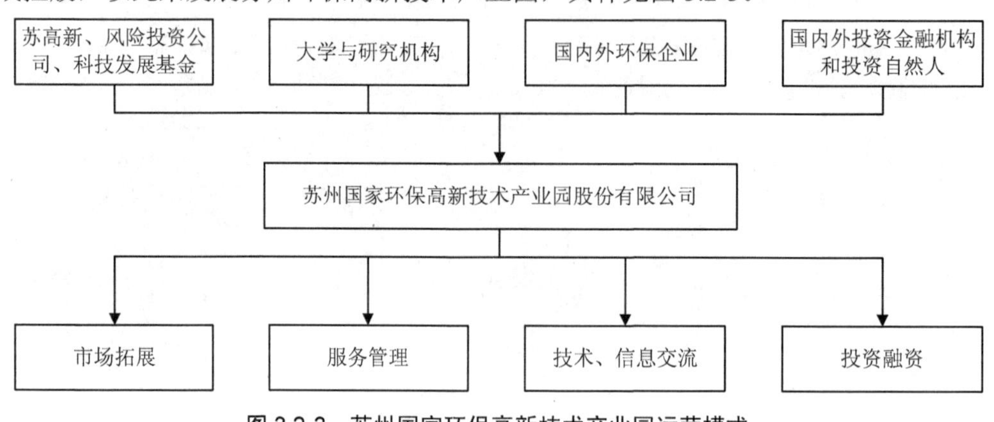

图 3.2-3　苏州国家环保高新技术产业园运营模式

（4）园区的发展历程及发展关键

1）园区发展建设初期

苏州国家环保高新技术产业园建立在苏州国家高新技术开发区，即苏州新区内。苏州新区在发展经济的同时，始终坚持可持续发展战略，不断加大环保投资力度，努力实现经济、社会和环境协调发展。1999 年苏州新区被原国家环保总局命名为全国首家“ISO 14000 国家示范区”。基于苏州新区在环保方面具有良好的科研、人才、产业、管理及经济社会基础条件和优势，经全面考察和评估，2001 年 2 月，原国家环保总局批准在苏州新区建立“苏州国家环保高新技术产业园”，培育孵化环保高新技术，促进环保产业发展。苏州市政府专门成立了以副市长为主任的苏州环保产业园工作领导委员会。

苏州环保高新技术产业园在发展环保产业方面创造了许多有利条件，这为它的启动、发展奠定了良好的基础。园区在发展建设初期有以下关键点：

①优惠的政策支持。苏州新区通过一系列优惠政策，鼓励包括环保在内的高新技术企业和科技人员到新区创业发展，苏州新区先后成立了注册资本达 1 亿元的苏州高新技术风险投资公司，设立了 5 000 万元的科技发展基金，并且每年都拿出可支配财政收入的 3% 作为区域的科技发展基金，促进高新技术成果的研究开发和转化。同时，苏州新区对高科技产业和高新技术成果转化项目在税收减免、专利入股、产品出口、土地使用等方面进行政策上的倾斜；高科技人才在收入、住房、交通工具、实验场所和设备、出国培训和考察、配偶子女工作就学等方面，都得到相应的优惠待遇。这为园区内的环保高新技术产业园区

的启动和招商，都提供了良好的基础。

②良好的环保产业基础。如苏州环保高新技术产业园区建设之初，苏州新区内就聚集了 50 多家环保企业，涉及环保产业的各个领域，2000 年销售总额达到 5 亿元。主要包括苏净集团净化工程技术研究中心、纳尔科化学公司和岛津仪器制作公司等。

③高效、精简的政策管理。苏州新区作为全国改革开发的先导区，率先建立了符合国际惯例和适应市场经济要求的政策管理体制。一是奉行“客商至上、信用第一”。政府把企业的发展视为最主要的追求目标，做到企业如有所求，政府必有所应。二是“简洁、规范和高效”。政府管理努力做到公开、公正，简化程序、量化责任、优化服务，提高政府工作效率和透明度。如在项目审批上，外商到区内投资，办妥手续一般不超过一个星期，最快只用 3 天。三是“全过程服务”。为企业服务建立了一条龙服务措施，制定了项目专人负责制、项目建设跟踪制、项目开工例会制、企业定期走访制、信息监督反馈制五大保证机制，及时帮助企业解决可能遇到的各种困难和问题。

④雄厚的科研和人才实力。苏州新区现有国内唯一的环境保护专门高校苏州科技大学（原名苏州城市建设环境保护学院）。它由生态环境部与建设部等单位合作建设，拥有环境科学与工程实验室等国家重点实验室，主要从事废水生物处理技术开发、生态系统调控技术、环境质量研究与评价、水质自动分析技术开发等领域的研究，是江苏省重要的环境科学技术研发基地。每年都培养出上千名环境保护、环境工程等方面的专业人才，已经成为苏州新区环境保护产业发展重要的科技依托和人才基础。新区还与清华大学、浙江大学等高校以及美国、英国、爱尔兰等国的科技园区建立了人才培养、技术创新交流等，在国内的广泛的科技交流与合作中进一步增强了区域的自主创新能力和人才优势。

⑤优越的创新平台。新区先后创办了苏州高新技术服务中心（国际企业孵化器）、中国苏州留学人员创业园、民营科技园等一批科技成果转化和技术创新基地。由科技部、教育部和新区管理委员会联合创办的“中国苏州留学人员创业园”，已引进留学人员 300 多人，创办留学生企业 108 家。区域科技创新能力不断增强，出现了一批拥有自主知识产权的科技型企业，科技成果转化率达 90%。

2）园区发展运营期

苏州国家环保高新技术产业园运营至今，逐步确立了“环保综合服务商”的战略定位，依托载体开发建设，形成环保产业集群，发挥科技服务平台优势，实现环保实业项目的新突破。公司开发建设的环保产业园由节能环保高新技术创业园、清洁生产中心、环保科技公共服务平台等组成，成为我国目前首个集环保载体建设和环保科技创新、公共服务于一体的新型特色园区，为 160 多家中外企业提供了质量优良的经营载体，园内企业涉及与环保相关的水污染治理设备、空气污染治理设备、固体废物处理设备、风能设备与技术、太阳能技术与设备、电池修复等产业。园区年产值实现逾 30 亿元人民币。

园区发展运营期有以下关键点：

①注重环保基础设施建设和运营。2003年，产业园的一项任务是苏州新区第二污水处理厂的投资、建设和管理。该厂位于运河边，总投资概算为9 474万元，设计总规模为8万 m^3/d。第二污水处理厂以企业化方式运作全过程（BOT运行模式），不仅减轻了当地政府的财政负担，而且为外来投资创造了良好的环境。

该厂处理污水性质为工业废水、生活污水，主体工艺采用“卡鲁塞尔氧化沟法+高密度沉淀池+V型滤池+紫外消毒”，出水排放至京杭大运河苏州段，设计日处理能力8万t，分两期建设完成。于2002年10月动工，2005年7月正式投产。2008年7月，进行了日处理污水4万t的二期扩建和一期脱氮除磷提标改造工程，并于2010年年底投入运行，出水指标提高到《城镇污水处理厂污染物排放标准》（GB 18918—2002）中的一级A排放标准。

②建立孵化平台（园中园）——苏州节能环保高新技术创业园。苏州节能环保高新技术创业园坐落于苏州高新区苏州国家环保高新技术产业园内，是由苏州国家环保高新技术产业园发展有限公司投资建设、苏州国环节能环保创业园管理有限公司负责运营的国家级专业孵化器。作为国内首个以企业化模式运作、尝试科技孵化-产业加速器配套运作的园中园，创业园2004年成立，负责孵化节能环保中小企业，加速节能环保高新技术成果产业化，培育节能环保高新技术企业和企业家，推动生态、节能、环保、循环经济产业链发展，形成了科技创新、项目申报、企业管理、金融相关政策方面的咨询等六大服务体系。

经过多年的运营，创业园以其鲜明的专业化特色、完备的功能服务、温馨的文化氛围，吸引了近90家科技型中小企业进驻。园区形成了以环保科技、节能技术研发、污水处理技术、设备及试剂研制、环境工程、大气治理、“三废”综合利用、环境咨询中介服务为主的企业群，基本涵盖了环保产业的五大领域。2007—2008年，创业园先后通过了省级孵化器和国家级创业服务中心的认证。2009年，创业园被认定为首批国家级大学生科技创业见习基地。目前，在国家级创业服务中心的品牌效应下，孵化器累计孵化企业100多家，累计毕业企业36家，已成为苏州高新区乃至苏州市的节能环保中小企业的“孵化摇篮”。

③建立公共服务平台。公司建立了苏州国家环保产业园公共服务平台。公共服务平台主要包括环境技术信息、产品推广信息、环保解决方案、环保工程案例等环保服务信息；产品招标或投标信息；政策法规、园区动态、行业新闻等资讯中心；环保在线专家资讯服务；环保培训、清洁生产、项目申报等企业服务信息等。建立了一个辐射国内外，服务于政府、企业和社会的市场化、国家化、开放新法规的科技信息服务体系。为现代信息与资讯服务和园区的环保科技工作宣传交流提供了便利。

④建立技术研发平台。环保产业园目前已经拥有两个省级中试平台，投资额超过700万元。这两个中试平台一个是江苏省生态修复中心平台，一个是饮用水有机毒物处理中试平台。建设面积约1 000多 m^2，运行主体为江苏省环科院。同时，环保产业园公司联合区

环境监测站与区内相关企业共同筹建了公共分析测试中心。承担区内外的环境监测数据、环保设施的分析监测、环保项目的委托分析化验等业务。

另外，为了促进中试平台和公共实验室的高效运行，由苏州国家环保高新技术产业园发展有限公司牵头成立专家组、课题组，聘请国内外知名环保专家、教授组成“苏州国家环保产业园专家咨询委员会”，以便为进驻企业在具体的科技问题上提供专业化的服务。

3.3　环保产业园区发展的影响因素

3.3.1　政策因素

环保产业是政策导向型产业，受政策的影响很大，新的环保政策的颁布催生了市场需求，环保产业园区只有在发展的历史阶段抓住政策和市场机遇才能发展壮大。目前，我国出台了一系列促进环保产业发展的相关政策，如《关于环境科学技术和环保产业若干问题的决定》《“十二五”国家战略性新兴产业发展规划》《“十二五”节能环保产业发展规划》《国务院关于加快发展节能环保产业的意见》等，均对环保产业园区和基地建设提出了具体的目标和要求。

宜兴、青岛和江苏等地区也大力出台相关环保产业园区建设的扶持政策，促进了环保产业园区的快速发展。近年来，宜兴出台了《关于加快环保产业发展的意见》和《国家科技兴贸创新基地（节能环保）骨干企业认定及管理暂行办法》等政策，《关于加快环保产业发展的意见》在金融支撑、发展环境服务业、企业做大做强、企业技术创新、产业集聚发展、企业进口先进技术和产品、行业交流和对外宣传等方面，明确了详细的奖励规定，设立了专项资金促进环保产业发展。苏州新区通过一系列优惠政策，鼓励包括环保在内的高新技术企业和科技人员到新区创业发展，苏州新区设立了 5 000 万元的科技发展基金，并且每年都拿出可支配财政收入的 3%作为区域的科技发展基金，促进高新技术成果的研究开发和转化。同时，苏州新区对高科技产业和高新技术成果转化项目在税收减免、专利入股、产品出口、土地使用等方面进行政策上的倾斜，这些政策对园区内的环保高新技术产业园区的启动和招商，都提供了良好的基础。

虽然目前国家和地方都陆续出台促进环保产业发展的政策文件，但是目前大部分地区促进环保产业园区的具体政策大多停留在原则层面，操作性不强，导致园区和企业获得环保产业政策方面的切实帮助难以落实。因此，在我国除了宜兴、青岛新天地和江苏环保产业园等 20 几个政策支持力度较大、发展较为突出的环保产业园区外，其他的环保产业园区普遍发展缓慢，主要是因为缺乏政策导向和扶持。

3.3.2 产业因素

环保产业园区的发展主要依托周边的产业基础和产业环境。

一方面，园区周边的产业环境对环保产业园区发展的总体定位起到决定性作用。如在京津冀地区装备制造业基础较好，已经形成了相当规模和优势。其中，河北省形成了金属制品业、通用设备制造业、专用设备制造业、交通运输设备制造、电气机械及器材制造业、仪器仪表及文化办公用品制造业、通信设备和计算机及其他电子设备制造业 7 个大类。天津市形成了汽车工业、机械装备制造业和现代冶金工业三大产业。该区域装备制造业的发展一方面必将产生大量的废金属、废机电等生产性废料，另一方面相对于高昂的原材料价格，废旧金属再生产品对于装备制造业也会有很大的市场需求。因此，在此上下游产业环境的影响下，天津子牙环保产业园区发展良好，以资源循环利用产业为主，既处理了周边地区制造业产生的生产性废料，又对其提供了大量的废旧金属再生产品等生产原材料。

另一方面，环保产业园区在建设初期已经具备的环保产业基础对于环保园区的建设的影响也非常巨大。宜兴环科园从 20 世纪 70 年代中就开始涉足水处理行业，到 1993 年，高塍镇的环保企业达到 228 个，产值达到 6 亿元。因此，目前宜兴环保产业园区依托其初期的环保产业基础，大力发展以水、大气装备制造为主的环保装备制造业，截至 2010 年，宜兴环保产业园规模以上产值 80.8 亿元，环保产业总产值 189.7 亿元，环保水处理设备占全国市场份额的 20%～40%。青岛新天地静脉产业园以建设奥运配套环保项目——青岛市危废处置中心为起点，同时承建医疗废物处置中心，逐步发展起来。目前已逐步发展成含危险废物，医疗废物和一般工业固体废物，废旧家电及电子产品，报废汽车，废旧轮胎的收集、运输、综合利用与处置的综合性静脉产业园区，成为山东省东部大量危险废物、工业固体废物和电子垃圾的终端处理站。

3.3.3 人才和技术因素

环保产业的高科技含量性决定了其对人才的依赖性较大，不仅需要创新型项目的人才，还需要大量的具有专业环保知识的研发型人才，人才和技术的聚集效应能够为环保产业的发展提供源源不断的动力。

一方面，雄厚的科研和人才是环保产业园区建设的重要技术保障。如苏州国家环保高新技术产业园区发展较快的重要原因之一是拥有雄厚的科研和人才实力。苏州国家环保高新区现有苏州科技大学，它由生态环境部与建设部等单位合作建设，拥有环境科学与工程实验室等国家重点实验室，主要从事废水生物处理技术开发、生态计算机与人工调控技术、环境质量研究与评价、水质自动分析技术开发等领域的研究，是江苏省重要的环境科学技术研发基地。每年都培养出上千名环境保护、环境工程等方面的专业人才，已经成为苏州新区环境保护产业发展重要的科技依托和人才基础。新区还与清华大学、浙江大学等高校以及美国、英国、爱尔兰等国的科技园区建立了人才培养、技术创新交流等，广泛的科技交流与合作进一步增强了区域的自主创新能力和人才优势。这些都为苏州环保高新技术产业园区的发展提供了人才和技术保障。

另一方面，技术和研发平台的建设促进了环保产业园区的科技发展。江苏宜兴环保产业园区和苏州国家环保高新技术产业园区发展的关键点主要是建立了“技术孵化平台”。宜兴“技术孵化平台”已与南京大学、哈尔滨工业大学、中国环境科学研究院、南京农业大学等 10 多所科研院校建立了战略合作关系，建立了南京大学宜兴环保研究院、哈尔滨工业大学宜兴环保研究院、南京农业大学省级重点实验室等 50 多家产学研机构。苏州国家环保高新技术产业园区建立的“孵化器”已经累计孵化企业 100 多家，累计毕业企业 36 家，已成为苏州高新区乃至苏州市的节能环保中小企业的“孵化摇篮”，加速节能环保高新技术成果产业化。这些机构为提高宜兴市环保产业的创新能力和核心竞争力做出了积极贡献。

3.3.4 信息和商务等信息化平台

环保产业园区在起步后想要继续发展壮大和升级转型离不开各类信息平台建设。青岛新天地静脉产业园区近年来越来越注重信息平台建设，努力实现物流、信息流畅通。在建设青岛市回收体系的基础上，建立了“山东省固体废物信息交换中心”，为青岛市和山东省的危险处置中心以及本园区提供信息服务。苏州国家环保产业园也已经建立了公共服务平台，公共服务平台主要包括环保服务信息、商品资讯中心信息、环保在线专家资讯服务、企业服务信息等，科技信息服务体系的建立为现代信息、资讯服务和园区的环保科技工作宣传交流提供了便利。

3.3.5 融资体系

环保设备和产品的生产和销售、公共基础设施的建设和配套服务、中小环保企业成长的孵化服务、核心技术的研发和产业化，都需要大量的资金做支撑。因此先进产业园区都建有高效的投融资体系，保障环保企业和园区的大量可持续的资金来源。目前，我国拥有多种有效的融资途径，如债券融资模式、股权融资模式、项目融资模式和绿色信贷模式等。如项目融资是以项目运营收入承担债务偿还责任的融资形式，主要包括 BOT、PPP、TOT 等模式。苏州国家环保高新技术产业园第二污水处理厂是以企业化方式运作全过程，即 BOT 运行模式，不仅减轻了当地政府的财政负担，而且为外来投资创造了良好的环境。企业并购也是股权式融资的一种有效途径，2008—2011 年，我国环保产业并购案例 13 例，总金额超过 30 亿元。其中，瀚蓝环境以 18.5 亿元购买创冠 10 个垃圾焚烧项目 100%的股权，至此，瀚蓝环境从一家小型水务公司变身成为国内前十的固体废物处理公司[89]。

3.4 环保产业园区发展模式

3.4.1 管理模式

结合国内外实践经验和上述案例研究，园区整体管理模式可以根据产权与运营管理职责的分割情况分为政府垂直管理、企业管理、委托运营管理等模式[90]，见表 3.4-1。

政府垂直管理是指由市政府主管部门及园区所在区县共同建立园区管理委员会或相关管理职能机构，负责园区的各项计划制订、招商以及各项日常管理工作。管理机构可以归口园区所在地的市政市容委或直接由所在地政府直辖管理。该模式尤其适用于园区建设初期，以及市场化程度不高的地区。以政府为主导的环保产业园区，在土地规划、资金扶持、产业布局、招商引资、农民安置等各个方面，政府都发挥了强有力的推动作用，这也是其相比于市场主导型园区的一个突出优势。但同时，这类园区也存在政策依赖性强、原料来源限制、市场竞争激烈、科技含量不高等问题。

表 3.4-1 产业园区运营管理模式类型及特征

模式	特征	典型案例
政府垂直管理模式	由市政府主管部门及园区所在区县共同建立园区管理委员会或相关管理职能机构	中国宜兴环保科技工业园；天津子牙循环经济产业区
企业管理模式	建设方为政府：成立国资法人企业进行管理，但通常保留了行政管理机构； 建设方为企业：由出资企业成立专门机构负责运营管理； 建设方为企业和政府联合体：通过由出资方共同成立法人公司的形式进行管理	苏州国家环保高新技术产业园；青岛新天地静脉产业园
委托运营管理模式	政府部门通过签定委托运营合同，将设施的运营和维护工作交给企业或其他第三方机构完成； 产权仍然归政府部门所有； 政府部门向该机构支付服务成本和委托管理报酬	—

企业管理模式通常有三种情况：①当园区的建设方为政府和企业联合体时，园区的管理可以通过由出资方共同成立法人公司的形式进行管理；②由政府单方出资建设的园区也可以采取企业管理模式，但通常保留了行政管理机构；③由企业单独投资建设的环保产业园，一般采用企业管理模式。其中，涉及市政公用的设施，如危险废物处理处置设施和垃

圾处理处置设施，在一定程度上还需要政府的共同管理才能避免市场行为下由于利益驱动导致的管理力度和工作重心的偏颇。

委托运营管理的具体运作模式是指，拥有园区设施所有权的政府部门通过签订委托运营合同，将设施的运营和维护工作交给企业或其他第三方机构完成；受委托的机构对设施的日常运营负责，但不承担资本性投资和风险，设施产权仍然归政府部门所有。通常政府部门向该机构支付服务成本和委托管理报酬。适合于物理外围及责任边界比较容易划分，同时其运营管理需要专业化队伍和经验的基础设施。采用这种运营管理模式，往往是需要利用专业机构的人才队伍和管理理念来提高设施运营管理和服务的质量。目前我国环保产业园区领域还缺乏真正具备承接这类委托运营管理项目能力及经验的大型企业，但已有企业在尝试构建这种管理能力。

3.4.2 经营模式

目前，国内的环保产业园区按照经营模式基本可以分为制造业聚集模式、商业服务模式、资源综合利用模式和城市建设模式 4 类，见表 3.4-2。

表 3.4-2 产业园区运营管理模式类型及特征

模式	特征	典型案例
制造业聚集模式	园区的发展定位为设备制造基地，园区内的环保企业多处于产业链的最下游，以环保装备制造为主业	中国宜兴环保科技工业园、湖南环保科技产业园
商业服务模式	园区重点建设环境产品的交易平台，或是以提供商业服务作为主要亮点，吸引产业链上下游企业的入驻	上海花园坊节能环保产业园、中国宜兴国际环保城
资源综合利用模式	园区多为静脉产业园，以资源综合利用产业为主	天津子牙循环经济产业区
城市建设模式	城市建设模式下的环保产业园区首先是节能环保特色的房地产项目开发，其次才是环境类企业的集聚和发展	中新天津生态城

（1）制造业聚集模式

制造业聚集模式是指环保产业园区的发展定位为设备制造基地，其内的环保企业多处于产业链的最下游，以环保装备制造业为主。中国宜兴环保科技工业园、湖南环保科技产业园等均属于此类模式。

制造业聚集模式的环保产业园区，其形成和发展在一定程度上缘于当地的环保产业特色。如宜兴环保科技工业园即是基于宜兴当地的环保机械产业基础。颇具规模的环保机械产业为企业集聚以及产业园区的形成奠定了良好的基础。由于环保设备制造多处于产业链末端，市场竞争激烈，随着环保产业由基础建设阶段向现代服务业阶段过渡，设备制造市场随之出现的萎缩便可能对园区的可持续发展产生影响。

（2）商业服务模式

相较于制造业聚集模式，商业服务模式更加符合环保产业向现代服务业转型升级的趋势。此模式的园区重点建设环境产品的交易平台，或是以提供商业服务作为主要亮点，吸引产业链上下游企业的入驻。

比较典型的商业服务模式环保产业园区是上海花园坊节能环保产业园和中国宜兴国际环保城。前者引入了上海环境能源交易所，主要从事环境与能源领域中的各类技术产权、清洁发展机制项目、节能减排权益等综合性交易以及各类权益交易鉴证。后者定位为环保设备的交易展示基地，目前有600多家公司购买或租赁入驻，成为水处理设备的大市场。

商业服务模式是现阶段最接近环境综合服务业发展大趋势的一类园区，其内的环境商品交易平台、与之相关的金融服务、物流服务、展示服务等都是环保产业园区发展过程中有价值的借鉴。不过，相对于真正意义的环保产业集群及其立体化网络所提供的现代环境综合服务解决方案，商业服务园区的服务范围仍显单薄，其所能够吸引的企业类型将可能受限于交易平台的商品门类，进而令园区整体的发展方同局限于某类细分市场内。

（3）资源综合利用模式

我国环保产业园区中以资源综合利用为主要运营模式的园区，基本是以废弃物拆解加工为主，其中比较典型的是天津子牙循环经济产业区和青岛新天地静脉产业园。

天津子牙循环经济产业区重点发展废旧电子信息产品、报废汽车、橡塑加工、新能源和节能环保产业以及废气机电产品深加工五大产业，每年可向市场提供铜、铝、铁、橡塑材料等原材料数万吨。园区内设有海关、检验检疫、税务、公安、工商等派驻机构，为园内企业提供各项服务。此外，园区还规划了林下种植带，在开发农业循环经济的同时，起到工业区和居住区隔离、改善园区环境的作用。

（4）城市建设模式

前三种模式的环保产业园区都是以环保产业本身作为园区营运的主线，而以中新天津生态城为代表的城市建设型园区，则是以“资源节约型、环境友好型”的生态宜居城市作为基本定位，属于广义的环保产业园区。城市建设模式下的环保产业园区首先是有节能环保特色的房地产项目开发，其次才是环境类企业的集聚和发展。

中新天津生态城成立于2007年，占地30 km^2，目前仍处于建设阶段。在规划和建设中，生态城把发展重心定位在建设具有生态环保概念的“小型卫星城”，其内的产业用地仅占总面积的1/10。生态城对其所辖范围内的盐田和荒滩进行了大力治理，在水治理方面建设了污水处理、中水回用、雨水收集、再生水、海水淡化等多渠道的循环利用体系；在新能源方面，预计可再生能源替代的电量约占整个生态城用电量的1/4。在商户选择上，生态城并不排斥制造业，只是对入驻企业提出了节能环保方面的相应要求。目前该模式的生态工业园区建设在我国还处于探索阶段。

3.5 环保产业园区发展策略

（1）强化园区顶层设计

合理对园区进行总体规划，根据周边地区的产业特征，以及当地的环保产业基础、环保投资热点及趋势、当地的政策导向等因素，确定环保产业园区的总体定位。力争借助当地的产业基础，推动关联性技术普及，形成产业和区域之间的联动机制，有利于传统产业的升级和带动相关配套产业的发展。同时，园区建设需要得到当地政府的高度重视，亟须当地政府出台一系列针对入园企业及相关人才的优惠政策，包括财税、财政补贴、人才安置和土地政策等。

（2）建立金融支撑平台

在园区建设过程中，应通过环保产业投资基金、股权投资基金、环境专业投行服务等搭建金融支撑平台，为园区建设提供资金来源。另外，园区还可以采取特许经营、公私合营等方式进行项目融资。

（3）提供技术人才支撑

建立国际合作交流中心，开展项目的合作交流和人才培训等，通过国际技术交流等途径，吸纳和引进全球大量顶尖研发团队。同时，促进园区与高校、科研机构及重点实验室相结合，鼓励在园区中建立高校、科研院所等分校区及实验基地和博士后工作站等。培育锻炼出一支高素质的园区管理人才队伍，继续按照 ISO 14000、ISO 9001 环境质量管理体系标准完善物业服务，保持优质的服务质量，提高经营效率，完善园区服务配套功能。

（4）建立公共服务平台和信息共享平台

建立完成高效便捷的公共服务平台，从项目引进到正式运营，建立一套高效快捷的运行机制，全过程跟踪服务，真正实施招商项目“一站式”办公室和“一条龙”服务。建立完成园区数字化信息平台，建立园区门户网站，强化集聚区形象宣传，发布产业规划、最新产业动态、项目招投标信息、产业供需信息，推介区内投资环境、产业招商和促进政策。构建园区层面和区域层面的信息共享平台，便于企业了解上下游行业资源状况，以便在更大的范围内进行原材料、产品等的交易。利用物联网技术、信息通信技术、在线监测技术、GPRS 技术、GIS 技术和视频技术打造集物流管理、废物流监控、生产现场监控、污染排放在线监测于一体的物流系统、信息与控制系统、综合服务系统和综合管理系统。

（5）搭建污染防治高端技术研发平台

在园区内建设研究工作室，积极吸引国内外高端科技人才入住，争取在园区内环保产业的核心技术与关键产品方面取得突破性进展，推动产业链和创新链向高端发展，建设成国家一流、具有国际水平的技术研发平台。由于技术研发平台的资金投入大、周期性较长，因此，投资的主体建议企业主导、政府补偿。

（6）设立技术和产品展示和交易中心

运用先进的技术和手段，全面展示园区的先进装备和产品，为产业搭建技术、产品的展示、应用、交流和推广平台。建设环保产业技术交易、环境保护产品交易中心等交易机构，如建设环保超市。促进园区企业与周边地区的动脉产业形成良好的产业联动关系。

（7）加强招商渠道建设

以产业聚集为目标，瞄准成长性好的产业龙头企业与优质项目，率先引进园区，再以龙头企业为核心，打造产业环境，形成产业集聚和产业链。通过参会、考察、出访等形式与环保产业的龙头企业建立联系；与环保产业协会等组织建立交流渠道，并针对重点人才、项目和企业进行重点攻关，形成交流和合作的转变，为园区招商提供项目和企业线索；积极参与国内外环境高端会议，针对园区主题和特色实施一系列有针对性的宣传；通过举办综合性产业大会宣传园区企业，实现招商。

4 公私合营模式在环保产业中的应用研究

4.1 公私合营模式的内涵与优点

4.1.1 内涵

目前基础设施采用的商业模式主要为公私合营模式（Public-Private-Partnership，PPP），即“公共部门—私人企业—合作”的模式，以公共事业的需求为目的，政府与私人组织共同合作、共同开发、投资建设、维护运营，并签署合同，明确双方权利和义务，共同承担责任和融资风险[91-94]。

政府参与全过程经营是 PPP 模式最为显著的特点，将部分政府责任以特许经营权方式转移给社会主体（企业），政府与社会主体建立起“利益共享、风险共担、全程合作”的共同体关系，政府的财政负担减轻，社会主体的投资风险减小，因此 PPP 模式自诞生之日起就受到国内外的广泛关注。

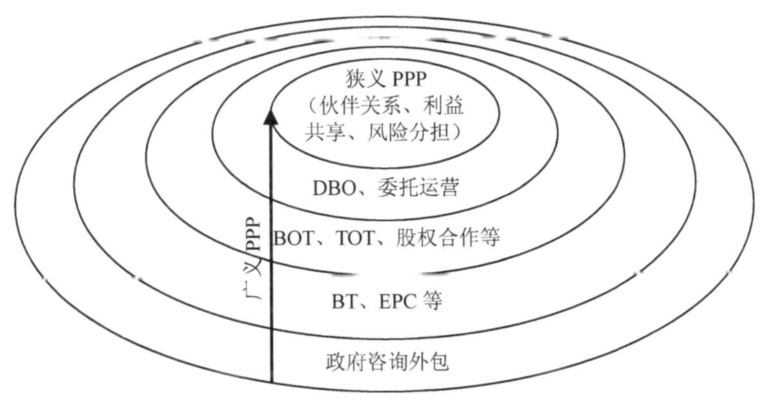

图 4.1-1 PPP 模式的内涵示意

PPP 模式的内涵包括广义和狭义两个范畴（图 4.1-1），广义的内涵是指政府与社会资本为提供公共产品或服务而建立的合作关系，具体的合作形式包括 BOT（建议—经营—转让）以及 BOO（建议—拥有—运营）等 BOT 衍生模式。狭义的内涵则与 BOT 的原理相似，都由“使用者付费”，但 PPP 比 BOT 更加强调由政府和社会资本分担，有利于降低前期风险，并建立更完善的激励约束机制。PPP 项目的经营公司由政府和社会资本组成，针对特定项目或资产，与政府签订特许经营合同，并由项目公司全面负责项目设计、融资、建设、运营。待特许经营期满后，项目公司终结并将项目移交给政府继续经营。对比 PPP 和 BOT，PPP 中的私营组织从项目最初期的论证开始参与，而 BOT 中的私营组织则从项目招标才开始参与，PPP 模式更有利于降低项目风险，形成公私共同分担的运行机制。

PPP 模式的内涵主要包括以下四个方面[95]：

第一，PPP 是一种新型的项目融资模式。PPP 融资是以项目为主体的融资活动，是项目融资的一种实现形式，主要根据项目的预期收益、资产以及政府扶持措施的力度而不是项目投资人或发起人的资信来实现融资。项目经营的直接收益和通过政府支持所得到的效益是偿还项目贷款的资金来源，项目公司的资产和政府给予的有限承诺是贷款的安全保障。

第二，PPP 融资模式可以使民营资本更有效地参与到公共基础设施项目中，降低风险。这也正是现行项目融资模式所欠缺的。政府的公共部门与民营企业以特许权协议为基础进行全过程的密切合作，双方共同对项目运行的整个生命周期负责。PPP 模式的操作规则使民营企业参与到基础设施项目的确认、设计和可行性研究等前期工作中来，这不仅降低了民营企业的投资风险，而且能将民营企业在投资建设中更有效率的管理方法与技术引入项目中来，还能有效地实现对项目建设与运行的控制，从而有利于降低项目建设投资的风险，较好地保障国家与民营企业各方的利益。这对缩短项目建设周期，降低项目运作成本甚至资产负债率都有值得肯定的现实意义。

第三，PPP 模式可以在一定程度上保证民营资本的盈利。私营部门的投资目标是能够获得稳定收益的项目，无利可图的基础设施项目是吸引不到民营资本的投入的。采取 PPP 模式后，政府可以给予私人投资者相应的政策扶持作为补偿，从而很好地解决这个问题，如税收优惠、贷款担保、沿线土地优先开发权等，通过实施这些政策可提高民营资本投资城市基础设施项目的积极性。

第四，PPP 模式在减轻政府初期建设投资负担和风险的前提下，提高基础设施建设的服务质量。在 PPP 模式下，公共部门和民营企业共同参与城市基础设施的建设和运营，由民营企业负责项目融资，有可能增加项目的资本金数量，进而降低较高的资产负债率，不但能节省政府的投资，还可以将项目的一部分风险转移给民营企业，从而减轻政府的风险。

4.1.2 优点

PPP 模式能够充分发挥政府部门和民营企业各自的优势，即把政府部门的社会责任、远景规划、协调能力与民营企业的创业精神、民间资金和管理效率结合到一起，其优点如下[96]：

①节约项目资金投入，保障项目按时完工。政府公共部门和私营资本在项目的识别、可行性研究、设施和融资等项目建设全过程中共同参与，充分保证了项目在技术和经济上的可行性，有效缩短了项目前期工作时间，并且使项目费用降低。由于采用PPP模式建设的项目只有在完成并得到政府批准使用后私营公司才能开始获得收益，因此PPP模式有利于提高建设效率并适度降低工程造价，可有效消除项目完工风险和资金风险。

②有利于转换政府职能，减轻财政负担。政府部门可以从繁重的具体事务中解脱出来，从过去的基础设施公共服务供应者变成监管者，有利于保证基础设施和公共服务的质量，也可在财政预算方面适度减轻政府压力。

③促进了投资主体的多元化。利用私营部门来提供资产和服务能为政府部门提供更多的资金和技能，有效利用了民营资本，扩大了投融资渠道。同时私营部门参与项目还能推动在项目设计、施工、设施管理过程等方面的创新，提高公共服务效率，传播最佳管理理念和经验。

④政府和私营部门相互取长补短，充分发挥政府公共机构和私营机构各自的优势，弥补对方身上的不足。双方可以协调各方不同的利益，形成互利互惠的长期合作目标，以最有效的资源和成本为公众提供高质量的服务。

⑤合理分配项目风险。与BOT等模式不同，PPP项目由政府分担一部分风险，在项目初期就可以实现风险的合理分配，减少了项目承建商与投资商风险，政府分担风险的同时也拥有一定的控制权，从而有效降低了融资难度，提高了项目融资成功的可能性。

⑥应用范围广泛。PPP模式突破了引入私营资本参与公共基础设施项目组织机构的多种限制，适用于城市供热、给水排水、环境卫生等各类市政公用事业及道路、铁路、机场、医院、学校等。

4.2 发达国家推行PPP的经验

英国是世界上较早探索开展政府与社会资本合作的国家，既有成功经验，也有一些值得汲取的教训[97]。

4.2.1 推行PPP的初衷

20世纪90年代，英国政府在建设基础设施和提供公共服务中面临三大挑战：一是老基础设施运行和维护、新基础设施建设的投资不足。由于公共财政捉襟见肘，1997年仅学校维修工程积压量就达70亿英镑，国家卫生系统建筑维护工程积压量超过30亿英镑。二是传统采购模式的时间和成本严重超支。例如，一家医院项目（盖思医院）预算3 600万英镑，结算时实际投入 1.24 亿英镑；法斯莱恩三叉戟潜艇泊位项目预算 1 亿英镑，结算时实际投入 3.14 亿英镑；苏格兰议会大厦预算 4 000 万英镑，结算时实际投入 4.31 亿英镑。不少项目的工期也一拖再拖。三是公共服务效率低下。由于公共服务由政府包揽，缺乏市场竞争，公共服务已成为“效率低、质量差”的代名词，越来越难以满足民众不断提高的服务需求，迫切需要对政府提供公共服务的模式进行创新，引入社会资本来改进服务效率和质量。在此形势下，PPP 模式应运而生。

4.2.2 推行 PPP 的历程

“港英政府”在 1972 年通过 BOT 方式建设的红磡隧道项目，是英国最早的 PPP 模式的实践。此后英国财政部对 PPP 模式进行进一步探索，积累了一定的项目经验。20 世纪 90 年代以来，英国政府大力推进私人融资计划（PFI），这是英国最典型的 PPP 模式。在 PFI 计划下，政府与私营供应商签订长期合作合同，私营部门提供基础设施的设计、建筑、融资、操作和维护等“一站式”服务，并保证服务质量达到约定的要求，政府按年度支付整体费用。英国政府要求，政府在开发公共项目时，必须首先考虑利用私人和社会资本的可能性，并将学校、医院、城市交通、垃圾处理、政府信息系统、司法和监狱等陆续纳入 PFI 项目范围。据统计，截至 2013 年年底，英国签署的 PFI 项目共有 725 个，总资本 542 亿英镑，约占公共部门总投资的 11%，其中 665 个项目处于运营阶段，涉及医疗、国防、教育、交通、环境、文体设施等领域。与传统采购方式相比，PFI 项目按时和按预算完成率从 30%左右提高到 80%以上，质量明显提高，使用者更加满意，并得到 90%以上的公共服务经理认同。

在推进 PFI 过程中也暴露出一些不足，主要有：一是评估机制存在局限。PPP 项目周期通常达 20～30 年，这期间技术进步、市场需求、资产价格、利率水平等都可能发生重大变化，当时比较合理的评估结果长期看可能是不恰当的。二是重视财务评估而忽视社会成本。例如，在一些 PPP 医疗项目中，为减少开支而缩减员工和床位，导致失业救济和社会保险支出增加，医院床位紧张；有的 PPP 学校项目远离市中心，学生上学极不方便，等等。三是私营部门往往凭借政府信用过度融资。虽然减少了自身承担的风险，但会加大项目债务负担，一旦项目面临破产威胁，最后还需要政府买单。

针对这些问题，英国对 PFI 进行优化，财政部于 2012 年推出第二代私人融资计划（PF2），政府以少量参股方式，主动参与 PPP 项目的建设、运营、管理，并将项目的融资限额从之前的 90%降到 80%，以抑制过度投机行为，推动形成风险共担、收益共享、长期稳定的公私合作关系。修改项目评估机制，提高项目透明度，扩大利益相关方如公众、服务对象的参与，以更好地照顾各方关切。同时，政府和私营合作伙伴定期对合同和效率进行评审，以持续改进服务。

4.2.3 推行 PPP 的经验与启示

英国在推进 PPP 的过程中不断调整、完善各项政策，值得参考的重要经验与启示如下：

（1）以公共服务节本增效为目标

英国推进 PPP 的初衷，是用更少的财政资金，更有效地提供公共服务。这在客观上放大了财政资金的杠杆效应，撬动了更多社会资本投资，但扩大投资从来不是 PPP 的根本目的。英国在这方面也有过教训，如布莱尔政府为大力推行 PPP 模式，未经充分论证就以 PPP 模式对伦敦地铁进行改造、升级和维护，结果项目实施不到 8 年就遭遇破产。

（2）以政治承诺、竞争市场、独立司法为前提

英国历届政府都对 PPP 十分支持、大力推动，提供了可靠的政治保障。在 PPP 模式下，服务效率和质量的提高是通过竞争实现的，因此竞争性市场十分关键，特别是在项目招标、采购等环节应有充分竞争。PPP 合同双方是政府和私营机构，发生纠纷时应严格按照法律和合同独立司法，否则会削弱投资者信心，导致私人投资裹足不前。

（3）设置专门的 PPP 管理与推进机构

早期在财政部专门设立 PPP 处、地方伙伴关系协会，负责 PPP 政策制定、决策、地方政府 PPP 项目指导和推广等，并与私人部门合资成立英国伙伴关系公司，提供智力支持。之后，撤销 PPP 处，设立基础设施局，统一负责 PPP 政策推行，同时赋予内阁办公室大项目局对大型、复杂 PPP 项目的审批权。2016 年年初，基础设施局和内阁办公室大项目局合并为基础设施和项目管理局。相关机构职责清晰、分工明确、协作有力，为 PPP 模式顺利推进提供了有力的保障。

（4）并非所有公共服务都适合 PPP 模式

英国的经验表明，能源、水务、通信等使用者付费的服务可基本由私营部门提供；国防、超大型基础设施、人力资本等领域，PPP 模式发挥作用的空间有限；交通、防洪、垃圾处理、办公服务等较适合 PPP 模式；在教育、医疗等领域，设施的建设、维护和运营可以通过 PPP 模式提供，但核心服务仍需由政府承担。据统计，英国 PFI 项目按价值衡量，25%集中在医疗领域，教育、交通、垃圾处理、办公服务分别占 19%、12%、9%、7%，国防、住房、街道照明各占 3%，IT 基础设施和通信、法院、监狱服务各占 1%。

（5）多方面筹集资金

一是成立养老金投资平台，由主要的养老基金作为创始投资者，参与 PPP 项目。二是成立政府股权投资基金，对有关项目投资入股。三是对符合条件的重大项目，由政府提供还款担保。四是鼓励欧洲投资银行等政策性银行提供优惠贷款。国际金融危机爆发后，财政部设立基础设施融资中心，为资金困难的项目提供临时、可退出的援助贷款，作为市场融资的补充。融资渠道多样不仅增加了资金来源，还降低了融资成本。

（6）以专业的技术人才作为支撑

PPP 项目的专业性、技术性很强，对发起项目的政府部门和地方政府是重大挑战。实践中，英国有关部门和地方政府通常需要专业机构支持，还会聘请、培训自己的专业人才，特别是擅长合同管理、懂市场、懂法律的人才。单纯依靠行政人员管理 PPP 项目，往往导致项目失败，必须慎重。

（7）利益相关方多方参与和监管

PPP 项目公益性强，涉及面广，关注者众多，利益相关方介入和监管是项目成功的重要保障，包括潜在服务对象、社会公众、中介组织等。英国在一些项目中的教训表明，如果缺乏利益相关方的参与和监管，私营部门往往会把部分项目成本转嫁到社会和消费者身上，最终损害社会总福利。

（8）循序渐进地推进

英国经过前后 30 多年才建立起比较成熟的 PPP 体系。国内一些地方政府出于政绩考虑，可能要求项目抓紧上马，论证不充分，从而加大项目失败的概率。比较好的做法是，从风险低、容易吸引私人资本的项目入手，经验成熟后再扩大规模、拓展领域。

4.3 不同 PPP 模式的比较

广义的 PPP 可以理解为一系列项目融资模式的总称，既包括带有融资功能的 BOT（建设—经营—转让）、TOT（移交—经营—转让）、股权合作等，也包括不带有融资功能的 DBO（设计—建设—运营）、委托运营等多种模式。

PPP 模式包括 BOT 以及 BOT 衍生模式，BT、TOT、BOO、BOOT、DBO 和 ROT 等均属于 PPP 模式[98]（表 4.3-1）。各模式均有其各自的特点和优缺点，在基础设施建设和服务领域均有不同程度的应用，在未来发展中，各地区和各项目也会结合项目特点和已有基础，选择更加适合的模式。

（1）BOT 模式

概念：BOT 模式（图 4.3-1），即 Build（建设）-Operate（经营）-Transfer（转让），是基础设施投资、建设和经营的一种方式，由项目主管的政府机构为投资者提供一种特许权作为融资的基础，由项目公司负责基础设施的投融资、建造、经营和维护，在规定的特许经营期内，项目公司拥有投资建造设施的所有权（但不是完整意义上的所有权），允许向设施和服务的使用者收取适当的费用，以此回收项目建设与运营成本费用，偿还贷款并获取收益；特许经营期满后，项目公司将设施无偿移交给当地政府或企业。

表 4.3-1 各种 PPP 模式的特点及利弊

商业模式	投资主体	运营期产权	最终产权	主要盈利点	特点	利弊
BOT	企业	政府	政府	运营阶段收费	政府提供特许权协议，项目公司负责投融资、建造、经营和维护；特许期满后，无偿移交给政府	有利于利用社会闲散资金，避免政府债务；有利于吸引外资和新技术，改善项目管理水平和运作效率；政府和企业共同分担风险。但操作过程和风险分配复杂，增大贷款人的风险，可能造成设施的掠夺性经营，政府对项目的控制难度加大
BT	企业	政府	政府	建设阶段，但收回成本需要长期的政府分期付款	政府通过特许协议，引入资金，建设完工后，政府赎回	适合缺乏收入补偿机制的设施，对建设财力薄弱的地方政府或融资能力强的承包商具有很大的吸引力。但易蜕变为政府负债融资的工具
TOT	企业（购买经营权）	政府	政府	运营阶段收费	设施已建成，政府有偿出让资产或者特许经营权，期满后无偿移交给政府	只涉及经营权转让，不存在产权、股权之争，有利于盘活存量资产，提高技术管理水平，风险小，引资成功率高。但未打破建设阶段的政府主导，不利于项目建设阶段引进竞争机制和提高投资效率，设计与运营环节脱轨，对项目公司的运营水平要求较高，可能增加服务成本
BOO	企业	企业	企业	建设、运营和产权	建成后，企业拥有所有权，当地政府仅购买服务	此模式在资产权属上有利于企业，企业为了增加收入，更乐意为项目增加投资；政府不具控制力，会慎重采用此模式
BOOT	企业	企业	政府	建设、运营和运营阶段的产权	移交前，企业拥有所有权，期满后，移交给政府	该模式在资产权属上有利于企业融资，但由于经营期满后仍要无偿移交给政府，因此为改进设施运营效果的后续投资动力会减弱；政府在特殊经营期内，对项目设施不具有所有权
DBO	政府	政府	政府	运营	企业在业主提供方案的范围内负责项目的设计、建设，并在协议期内运营	将设计、建设与运营统一考虑，在设计之初就考虑到后期运营问题，投资和后续服务费用压力较小。但对项目公司的综合能力和地方财政能力要求高，政府对项目监管比较困难
ROT	企业（重整费用）	政府	政府	重整和运营阶段	企业对过时、陈旧的设施、设备改造更新，经营期满后，转让给政府	可将破坏的公共设施修复后继续使用，节约成本，既有修复合同又有运营合同，修复的质量容易保证。但对已破坏项目的监管存在困难，破坏程度评估和特许经营期限的确定困难

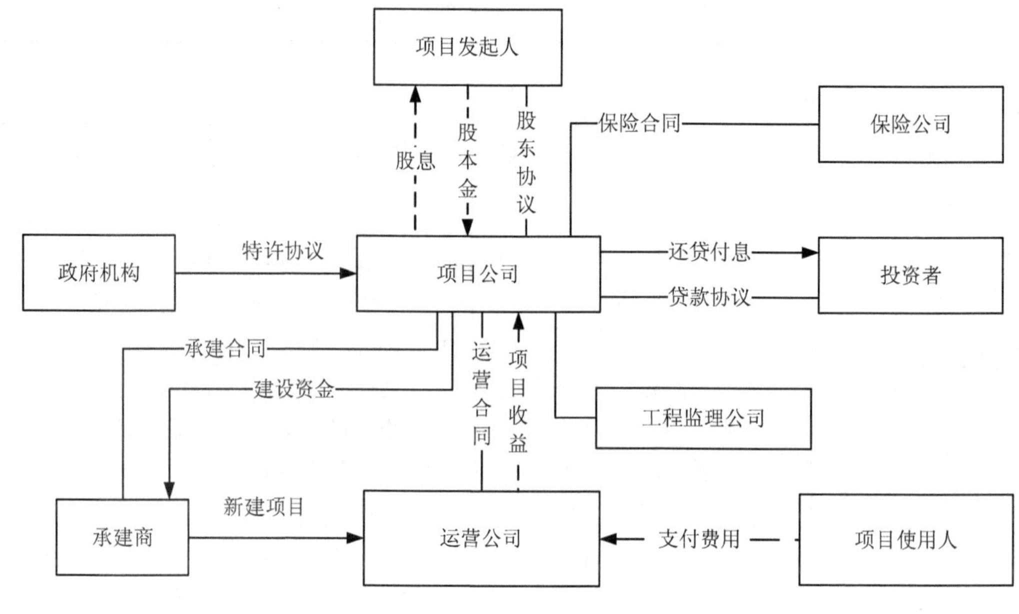

图 4.3-1 BOT 模式

盈利点：BOT 模式的主要盈利点为项目运营阶段向设施和服务使用者收费，通过基础设施的运营收回成本并获得合理利润。

模式应用：2001 年，北京经济技术开发区污水处理厂建成投运，成为我国第一家以 BOT 模式运营的污水处理项目，各地纷纷效仿。2002 年前后开始在环保领域引进 BOT 模式，BOT 模式在污水处理厂建设方面发挥了重要作用。目前，BOT 模式是已投入运营污水处理厂市场化投资的主流模式，截至 2013 年年底，我国采用市场化运营的城镇污水处理厂占比为 47%，其中 BOT 模式占比为 30%左右，其次为 TOT 模式等。

风险：项目公司面临的风险主要有：政府不讲信誉和政策不稳定，这是民营企业介入环境基础设施领域的最大障碍和风险；项目设计和建设中的风险，包括项目设计缺陷、建设延误、超支和贷款利率的变动；项目投产后的经营风险，包括项目特有技术风险和价格风险等。

（2）BT 模式

概念：BT 模式（图 4.3-2），即 Build（建设）-Transfer（转让），是 BOT 模式的一种简化形式，是从 BOT 模式转化发展起来的新型投资模式。政府通过特许协议，引入民间资金进行专属于政府的基础设施建设，在建设完工后按协议约定由政府赎回。建设资金全部由投资人负担，建成后即交由政府相关部门运营，投资人不占股份，不参与运营收益，建设资金由地方政府在若干年内分期偿还。政府运作污水处理厂 BT 项目与其他国有产权工程的前期工作基本相同，只是付款方式不同，工程竣工使用后才开始付款并分几年偿还。

与 BOT 模式相比，由于私营资本不参与基础设施的运营，减少了双方商务谈判的烦琐和随之而来的一系列条款与协议，前期工作时间和投入大大缩短。

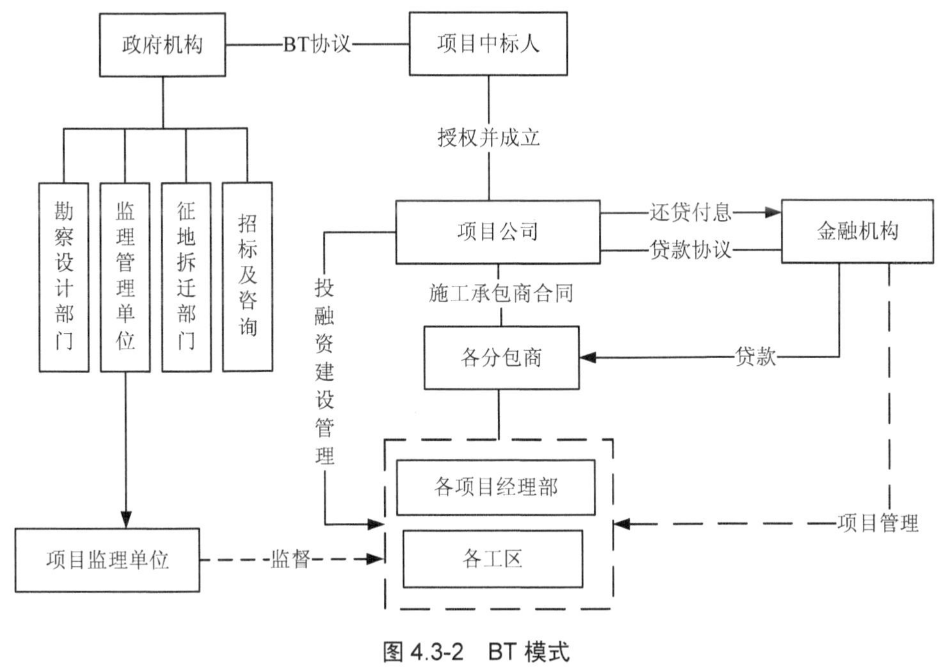

图 4.3-2 BT 模式

盈利点：由于私营资本不参与运营，因此 BT 模式主要盈利点只能发生在建设阶段，通过控制建设成本在政府赎回价格和建设成本间取得合理利润。但由于成本收回方式为建成后政府分期付款，因此回款期限较长。

模式应用：目前，国内已经有几十家采用 BT 模式建设的城市污水处理厂项目取得了成功，均运行稳定、经营正常。在大部分地区，政府收取的排污费已能保证污水处理的成本，政府无须额外的财政补贴就能实现污水处理厂完全自给自足。以辽宁某城市为例，政府收取的排污费除去相关费用（管网维护等其他费用）后，若污水处理厂的费用为 0.6 元/t，而实际每吨水处理的全部成本为仅为 0.35 元左右，政府每处理 1 t 污水可以获利 0.25 元，以 5 万 t/d 的处理规模估算，那么该厂一年的收益将达到 365 万元，政府可以把这部分收益继续用于城市污水管网的维护和改造或其他环保设施建设中。但是在西南部经济落后地区，政府向企业和居民收取的排污费很低甚至免费，如果由投资者运营（BOT），政府必须拿出大量的财政补贴去支付污水处理成本和投资运营者的运营费用和投资收益，这部分费用将令政府不堪重负，而 BT 模式下政府运营，财政只需支付基本的处理成本，压力和负担相比较之下会大大减轻。如果在污水处理的基础上能够实现全部或部分中水回用，那么政府获得的收益将更大。

风险：对于投资人存在的风险主要有：建设风险，因项目竣工验收后方支付回购款，工程出现任何质量、安全、进度等问题均影响投资人的回报；回购风险，即政府信用风险，因 BT 模式没有未来经营利益，完全靠政府财力保证，政府信用发生变化必然影响投资回报；项目建成后的经济效益和社会效益，影响政府投资导向和项目回购保障度，防范因项目的经济性、适宜性问题带来的风险；不可控制风险，因自然灾害，如火灾、洪水、地震或战争等造成的损失，政府越权干预的风险，因利率变动直接或间接造成项目收益损失的风险等。

（3）TOT 模式

概念：TOT 模式（图 4.3-3），即 Transfer（移交）-Operate（经营）-Transfer（移交），指已经建成的环境基础设施在资产评估的基础上，当地政府通过公开招标向社会资本有偿出让资产或特许经营权，一次性从社会资本获得资金并与其签订特许经营协议，在协议期限内社会资本通过经营设施获得收益，协议期满后再将该项目无偿移交给当地政府经营管理。TOT 模式的主要特点有：以现有运行的资产为基础，省去了建设环节风险和政策不确定性因素风险；主要是资产经营权的转让，产权的转让只是部分涉及，有的则是完全不涉及，双方风险之和大大减小。

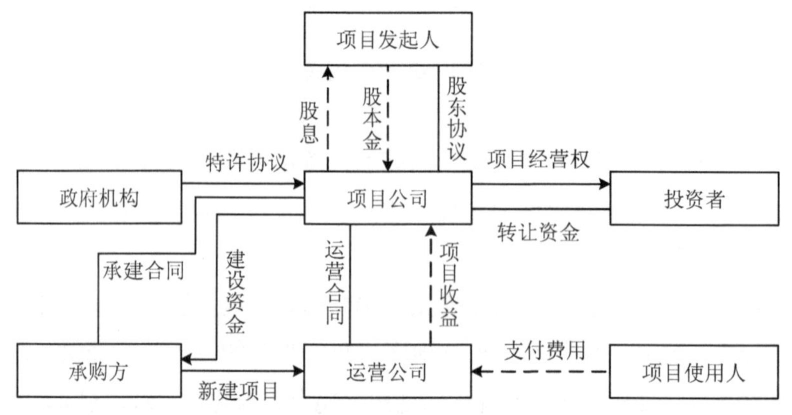

图 4.3-3　TOT 模式

盈利点：该模式的主要盈利点只能发生在运营阶段，通过提供服务性收费来收回成本和获得合理利润。

模式应用：我国城市已普遍开征污水处理费和垃圾处理费，加上水费中的污水处理费和垃圾清运费，这些资金组合起来建立环保 PPP 基金，以基金担保向银行为环保 PPP 项目贷款融资。通过 TOT 模式来吸引社会资金投资支持环保基础设施项目，解决环保项目融资渠道单一、融资缺口大的难题。

风险：环保 PPP 基金的使用可能受到地方政府和主管部门的干预，成为政府部门的小金库；环保基金短期效益不显著，存在短期收益与长期收益目标的矛盾，也可能因项目论证错误造成项目公司的巨大损失；存在着项目经营风险，指由于项目经营者经营不善，影响盈利能力而造成收益的损失。

（4）BOO 模式

概念：BOO 模式，即 Building（建设）-Owning（拥有）-Operation（运营），是一种谁建设谁运营且拥有产权的模式。政府或企业赋予承包商建设特许经营项目的权利，投资、产权归属和运营责任同属承包商，不存在将基础设施项目产权移交给公共部门运营的问题，有利于简化项目管理。BOO 是由 BOT 模式演变而来的一种创新模式，BOO 模式项目一旦建成，项目公司则对其拥有所有权，而当地政府公共部门只需向项目公司购买相应的服务。该模式在资产权属上有利于私营资本，项目公司为了提高收益愿意为项目增加投资和进一步提高服务质量。由于政府通常希望对市政基础设施资产拥有控制权，特别是在我国社会经济环境下将城市基础设施完全私有化并不符合国家的政策要求，因此采用该模式的项目并不多。

盈利点：BOO 模式的盈利点为涉及建设—拥有—运营的全过程，因拥有项目产权，所以项目公司通过在建设阶段控制成本、提高运营效率都可以增加收益，同时设施的产权也会随着社会经济发展而产生增值。

模式应用：BOO 模式代表着公共基础设施最高级别的私有化，国外有不少成功的 BOO 项目经验，随着我国市场经济的日渐成熟，公共基础设施的私有化程度也日益提高，近年来我国也有一些 BOO 项目得以成功实践，沪杭甬高速公路公司和沪宁高速公路公司对其名下的道路设施就采用了类似 BOO 的投资经营方式。2003 年，北京高安屯垃圾焚烧处理项目公司作为北京市第一个以 BOO 模式运作的垃圾焚烧处理项目正式成立，之后上海、四川、张家港、沈阳等多地陆续在垃圾厂、生活垃圾焚烧发电、填埋沼气发电工程并网发电、水务等方面引入 BOO 模式。但是从 BOO 模式的概念来讲，项目设施的所有权应永久地归项目公司所有，经营年限不受任何限制，这与建设部第 126 号令《市政公用事业特许经营管理办法》中特许经营期限不得超过 30 年的规定相悖，在法律上存在障碍；而在实际操作中，有些 BOO 项目是规定了经营期限的，如北京高安屯垃圾焚烧处理项目的特许经营期限为 30 年，严格说来并不是真正意义上的 BOO。

风险：项目公司在准备阶段存在项目可行性风险、特许权获准风险、公众对项目的接受程度风险，建设阶段面临着完工风险、质量风险、成本超支风险等，运营阶段面临着经营技术风险、经营条件变化风险、环保要求风险和不可抗力风险等。而政府公共部门则存在着对项目公司的监管风险。

（5）BOOT 模式

概念：BOOT 模式是 Build（建设）-Own（拥有）-Operate（运营）-Transfer（转让），即项目公司对所建项目设施拥有所有权并负责建设和经营，经过一定期限后，再将该项目无偿移交给政府部门。与 BOO 模式类似，该模式在经营期内拥有设施产权，有利于项目公司融资，但由于经营期满后仍要无偿移交给政府，因此项目公司改进设施运营效果、提高服务质量的后续投资动力会减弱，政府在特许经营期内对项目设施仍不具有所有权。BOOT 模式在项目建成后，在规定期限内，私人既有经营权，也有所有权，从项目建成到移交给政府这一段时间一般比 BOT 模式长。BOT 意味着一种很低程度的私有化，项目设施的所有权并不转移给私人，BOOT 代表了一种居中程度的私有化，设施的所有权在有限的时间内转给私人，BOO 则代表的是一种最高级别的私有化，项目设施没有任何时间限制地被私有化并转移给私人。

盈利点：BOOT 模式项目的主要盈利环节在拥有和经营阶段，因在转让前企业对设施拥有产权，可能带来资产增值的收益，但最终仍需要无偿移交给政府，因此主要利润还是来自经营，且相比 BOT 模式而言该经营时段较长，所以收益更大。

模式应用：目前，以 BOOT 模式建成投运的基础设施项目很少，中化集团在印度承建并运营的巨港 150 MW 电站项目[99]属于该模式，该模式在环保设施项目中尚未见到成功案例。

风险：项目公司面临的风险与 BOT 模式类似。

（6）DBO 模式

概念：DBO 模式，即 Design（设计）-Build（建设）-Operate（运营），指项目承包方承担整个项目的设计、建设和运营，由业主（如政府）对项目进行投融资，承包人在业主提供方案的范围内负责项目的设计、建设，并与业主签订项目的特许经营合同来运营项目的一种项目运作模式，设施的所有权归业主所有。

盈利点：DBO 模式盈利点主要为运营阶段，该模式主要是由承包方承担设计，更利于后期的建设和运营。但项目由业主投资，所有权也归业主所有，因此不存在产权等方面的收益。

模式应用：DBO 模式在环保基础设施建设项目中发展非常迅速，如果欧洲的一些污水处理、小城镇供水及一些环境保护项目，香港特区境内所有的固体废物管理设施，都是利用 DBO 模式建设的[100]。当前我国工业废水和市政污水处理领域基本都适用于 DBO 模式，如果能够进一步解决业主的资金来源问题，有利于全面实现投资主体和服务主体的分离，DBO 模式是我国值得尝试和推广的污水处理模式。2008 年 1 月 30 日，我国内地第一家实行 DBO 模式的天津市滨海新区汉沽营城污水处理厂项目开工建设[101]，建设内容包括建设日处理 10 万 t 污水处理厂 1 座，日生产 5 万 t 中水厂 1 座以及厂外配套管网 52 km 和泵站 7 座，工程总投资 3.61 亿元，是天津市第二批利用世界银行贷款项目的子项目之一。2013 年，国祯环保签约环巢湖生态示范区乡镇污水处理厂 DBO 及配套管网建设项目，签约合同金额近 6 亿元。

风险：承包商承担从设计、建造到运营全过程的所有责任，并对成本、工期、技术和质量等目标负责，承担风险较高，DBO 模式对项目公司的风险管理水平要求很高，主要风险源来自政府信用、经营风险和不可抗力风险等。

（7）ROT 模式

概念：ROT 模式即 Renovate（重整）-Operate（经营）-Transfer（转让），该模式是建立在 BOT 模式基础之上的一种交钥匙承包方式。在 ROT 模式下，重整是指项目公司在获得政府特许授予专营权的基础上，对现有的过时、陈旧项目设施、设备进行升级改造，改造后由项目公司经营若干年后再转让给政府。该模式适用于已经建成运营但已很难提供合格服务的老旧基础设施改造项目。

盈利点：ROT 模式确定了以老旧设备升级改造这种投资方式获取更多的回报，项目公司可以保留现有的可用设施设备而仅更换老化的、不适用的设施设备，因此收益贯穿了项目的整个过程。在重整过程中，可通过优化工艺设计尽可能保留使用已有的设施和设备，降低投资成本以提高收益；在运营阶段，通过合理收费获得收益，转让时也可通过与政府的协议获取一定的收益。ROT 承包商的角色既是咨询商又是承包商，并承担运行的责任，可以促进老旧公共基础设施的及时升级改造，避免政府直接投资而导致的完工延期和工程投资超支的风险。

模式应用：ROT 模式适合于需要扩建/改建的基础设施，解决了政府缺乏改造资金的问题，同时又将原有设施的运营管理结合起来，是一种非常贴近项目实际情况的投融资模式。该模式已运用于我国污水处理厂升级改造项目中，实例有珠海香洲水质净化厂一期及二期扩建项目、惠州市梅湖水质净化中心一二期工程等。

风险：ROT 承包商承担设施改造的风险，在可行性研究阶段的风险有：技术和设计风险，咨询工程师核心业务风险；财务能力风险，可行性研究不能确定技术上可行的方案究竟投入多少资产价值的风险；法律风险，政府或当地机构不批准技术上可行，经济上有利的改造方案时出现的风险；商务风险，假如一个改造方案技术上不可行和/或经济上无收益和/或有关机构不批准，则可行性研究的用度都将由 ROT 承包商承担。施工过程中的风险：改造、施工用度超支；延期完工可能会导致的赔偿；设备性能不满足要求的性能指标。运行和维护阶段的风险：设备可行性和利用率风险；维护风险，设备维护用度超支的风险。

4.4 PPP 模式在环保产业中的应用

4.4.1 与环保产业相关的重要 PPP 政策

2010 年 5 月 7 日，国务院发布的《国务院关于鼓励和引导民间投资健康发展的若干意见》，提出鼓励和引导民间资本进入法律法规未明确禁止准入的行业和领域，鼓励和引导民营企业投资建设节能减排、节水降耗、生物医药、信息网络、新能源、新材料、环境保护、资源综合利用等具有发展潜力的新兴产业。

2014 年 9 月 24 日，财政部发布的《关于推广运用政府和社会资本合作模式有关问题的通知》，要求推广运用政府和社会资本合作模式，并在全国范围内开展项目示范，为城镇化提供融资渠道，要关注城市基础设施及公共服务领域。江苏、重庆、福建、安徽等省市，均已公布了首批试点 PPP 项目，污水处理是其中一大典型领域。财政部金融司 2014 年 9 月末下发的推广 PPP 模式的通知，让各级财政部门重点关注城市基础设施及公共服务领域。

2014 年 11 月 16 日，国务院发布的《国务院关于创新重点领域投融资机制 鼓励社会投资的指导意见》，明确将建立健全政府和社会资本合作（PPP）机制作为一项重要内容，提出创新生态环保投资运营机制，并详细规定了推广政府和社会资本合作（PPP）模式，加强政策引导，在公共服务、资源环境、生态保护、基础设施等领域，积极推广 PPP 模式；建立独立、透明、可问责、专业化的 PPP 项目监管体系；健全退出机制，政府要与投资者明确 PPP 项目的退出路径，保障项目持续稳定运行。该意见表明了对 PPP 模式的需求和未来各方政策体制的引导，PPP 模式在我国未来发展潜力巨大。

2014 年 11 月 30 日，财政部发布《关于政府和社会资本合作示范项目实施有关问题的通知》，提出了在全国开展 30 个 PPP 示范项目，其中污水处理项目 9 个、供水项目 3 个、环境综合治理项目 2 个、垃圾处理项目 1 个，环保产业相关项目占到了 50%。

2014 年 12 月 27 日，《国务院办公厅关于推行环境污染第三方治理的意见》中明确指出对于以 PPP 模式开展的项目要推进审批便利化，对政府和社会资本合作开展的第三方治理项目，要认真编制实施方案，从项目可行性、财政负担能力、公众意愿和接受程度等方面进行科学评估和充分论证，相关部门要依法依规加快规划选址、土地利用、节能、环评等前期建设条件的审查。

2015 年 4 月 9 日，财政部、环境保护部发布《关于推进水污染防治领域政府和社会资本合作的实施意见》，规范了水污染防治领域 PPP 项目操作流程，进一步推动环保产业水污染防治领域 PPP 项目的发展。

2015 年 5 月 19 日，财政部、国家发展改革委、人民银行等发布《关于在公共服务领域推广政府和社会资本合作模式的指导意见》，提出在能源、交通运输、水利、环境保护、农业、林业、科技、保障性安居工程、医疗、卫生、养老、教育、文化等公共服务领域，鼓励采用政府和社会资本合作模式，吸引社会资本参与。

2015 年 10 月 11 日，《国务院办公厅关于推进海绵城市建设的指导意见》中提出要发挥市场配置资源的决定性作用和政府的调控引导作用，加大政策支持力度，营造良好发展环境。积极推广政府和社会资本合作（PPP）、特许经营等模式，吸引社会资本广泛参与海绵城市建设。

2016 年 4 月 14 日，环境保护部发布《关于积极发挥环境保护作用促进供给侧结构性改革的指导意见》，提出积极推进政府和社会资本合作（PPP）模式。国家将在全国范围内组织建立环境保护 PPP 中央项目储备库，并向社会推介优质项目。中央财政专项资金、国家专项建设基金、开发性金融资金、中央拨付的各类环保资金等将优先支持环境保护 PPP 项目的实施。各地要高度重视并结合环境质量改善目标和治理任务的需要，紧紧围绕环境基础设施建设、区域环境综合整治等，建立重点推介项目库，上报一批、实施一批、储备一批。会同有关部门建立 PPP 项目绿色通道、部门联批联审“一站式”服务，制定支持性政策措施，确保高质量 PPP 项目的顺利实施。

2016 年 8 月 10 日，国家发展改革委发布的《国家发展改革委关于切实做好传统基础设施领域政府和社会资本合作有关工作的通知》中给出了传统基础设施领域推广 PPP 模式重点项目目录，环境保护领域的水污染治理项目、大气污染治理项目、固体废物治理项目、危险废物治理项目、放射性废物治理项目、土壤污染治理项目，以及湖泊、森林、海洋等生态建设、修复及保护项目列入目录。

2017 年 7 月 1 日，财政部、住房和城乡建设部、农业部和环境保护部等联合印发《关于政府参与的污水、垃圾处理项目全面实施 PPP 模式的通知》中指出，为了提高政府参与效率，充分吸引社会资本参与，政府参与的新建污水、垃圾处理项目全面实施 PPP 模式，并有序推进存量项目转型为 PPP 模式。尽快在该领域内形成以社会资本为主，统一、规范、高效的 PPP 市场，推动相关环境公共产品和服务供给结构明显优化。

4.4.2 环保产业的 PPP 模式应用现状

财政部建立了全国政府和社会资本合作（PPP）综合信息平台及项目库，将全国拟采用和已采用 PPP 模式的项目全部入库，截至 2016 年 9 月末，按照要求审核纳入 PPP 综合信息平台项目库的项目 10 471 个，总投资额 12.46 万亿元，其中执行阶段项目共 946 个，总投资额达 1.56 万亿元。

在全部入库项目中，环保产业密切相关的项目包括污水处理、垃圾处理、供水、排水、水利建设、海绵城市、景观绿化、林业、生态建设和环境保护类等 2 843 个，占全部入库项目总数的 27.2%，总投资额 15 275 亿元，占全部入库项目总投资额的 12.3%，环保产业类项目已成为 PPP 项目中最为重要的组成部分。

从项目数量来看（图 4.4-1），以供水、排水、污水处理、水利建设等为代表的水处理行业项目数量最多，有 1 845 个项目，占环保产业类项目总数的 64.9%，其中污水处理 809 项、水利建设 478 项、供水 396 项，分别占环保产业类项目总数的 28%、17%和 14%。以垃圾处理为代表的固体废物处理行业是在 PPP 项目库中另一类比较重要的环保产业，共有

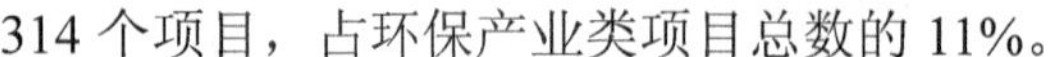

314 个项目，占环保产业类项目总数的 11%。

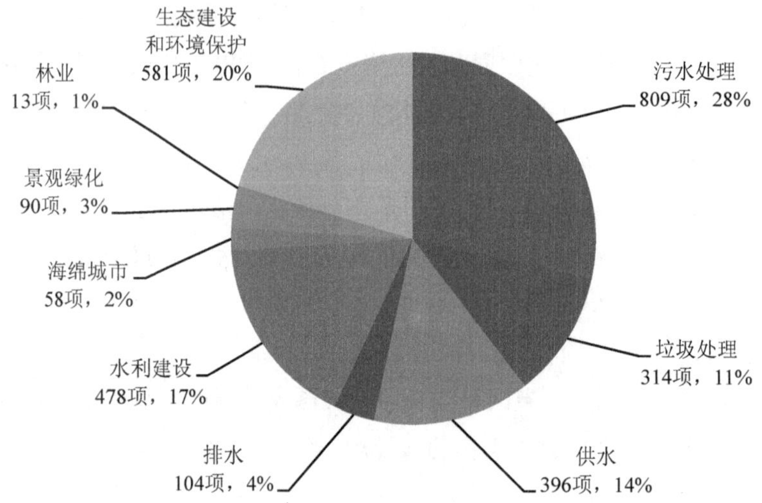

图 4.4-1 截至 2016 年 9 月入库环保产业 PPP 项目行业分类

从项目投资额来看（图 4.4-2），仍然是水处理行业投资额最大，达到 8 231 亿元，占环保产业类项目总投资额的 53.9%，其中水利建设 3 439 亿元、污水处理 2 052 亿元、供水 1 392 亿元，分别占环保产业类项目总投资额的 23%、13%和 9%。生态建设和环境保护类项目主要是指综合治理和湿地保护等项目，项目数量较少但单项投资规模较大，项目数量只占 20%但投资额达到了 5 882 亿元，占环保产业类项目总数的 38%。

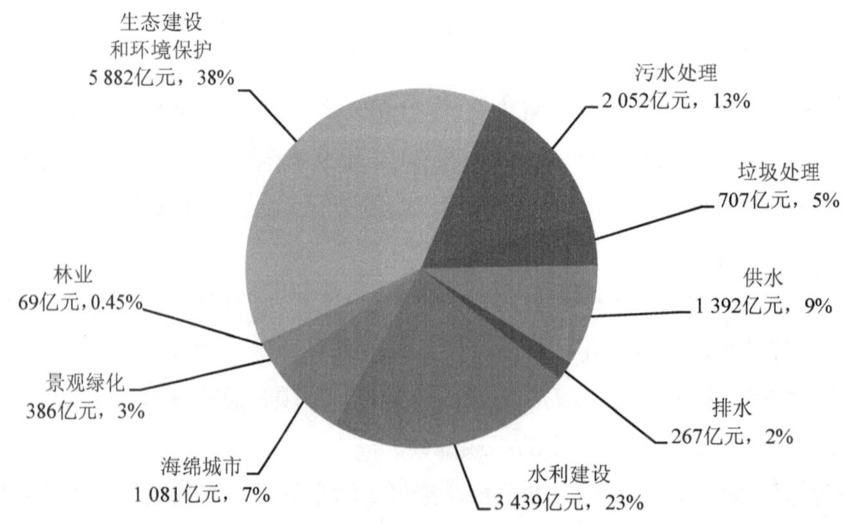

图 4.4-2 截至 2016 年 9 月入库环保产业 PPP 项目行业投资额

总体上看，水处理行业、生态建设与环境保护行业是目前环保产业 PPP 项目的投资重点领域，PPP 项目对环保产业特别是水务领域起到了显著的带动作用，但对于资源循环利用领域的带动效应较弱。随着“大气十条”“土十条”的深入推进，大气、土壤污染治理投入资金体量将不断加大，相比大气污染和水环境污染，我国土壤污染修复难度更大，治理更难，所需投资也更多，将达到几万亿甚至几十万亿的规模。未来，随着立法和更多行业政策的出台，土壤修复领域势必拉动更多 PPP 项目的实施。

从我国环保产业 PPP 项目实施现状来看，目前还存在如下问题：

（1）项目收益回报率低

目前我国政府提供的 PPP 项目多为具有公益性的基础设施投资项目，基层政府不愿意将收益率高的项目交给民营资本做 PPP，只是拿出一些资金来源少、回报率低的、政府自己不愿意投资的项目供选择，致使现有的 PPP 项目收益率普遍偏低。同时，很多 PPP 项目在签订协议时对环境服务的价格缺乏调整机制的设计，如有些地方污水处理服务价格并未因近年来国家提高污水排放标准和污泥处置成本而相应提高，更未涉及污水处理设施的升级改造和更新维护，政府要求项目公司自行承担由此而增高的运营成本，导致项目公司出现财务困难，难以实现预期的收益回报。

（2）风险分摊不尽合理

在传统的 BOT 项目中，政府与企业多为垂直系，即政府授权私营企业建设和经营，社会资本仅承担建设和经营风险，其他的设计、融资等风险均有政府承担。而在 DBO、ROT 模式项目中，项目公司全权负责设计、融资、建设、经营等风险，政府基本上不承担风险。

（3）项目执行层面风险大

PPP 项目投资周期长，资产流动性低，投资形成实物资产后，存在较强的资产专用性。一旦项目执行过程中出现项目公司经营不善退出的问题，其渠道主要是政府回购或转让给其他社会资本等，难以适应市场化的资本运营需求。同时，还存在项目公司管理经验不足、政府企业合作风险、施工工期和质量控制风险、合同变更风险等。

（4）地方政府信用缺位

在 PPP 项目执行过程中，有些地方政府部门缺乏契约意识，随意制定新政策或变更原政策，前期对社会资本作出的承诺在合作期内不予兑现，同时还存在地方政府换届后不履行合作协议的现象。我国 PPP 项目的失败案例中不少是由于政府违背承诺使合作方利益受损而导致合作终止的，如长春汇津污水处理厂、廉江中法供水厂等项目[102]。

4.4.3 环保产业的 PPP 模式应用案例

（1）张家界市杨家溪污水处理厂项目

1）项目概况

张家界市杨家溪污水处理厂，总投资 6 700 万元，设计处理规模为 12 万 m^3/d，其中近期 4 万 m^3/d、远期 8 万 m^3/d，采用成熟的 A^2/O 处理工艺，设计出水水质达到《城镇污水处理厂污染物排放标准》（GB 18918—2002）中一级 B 标准。项目于 2008 年 6 月开始进行公开招标，最终选定湖南首创投资有限公司为该项目投资人，7 月完成特许经营协议谈判，8 月正式完成签约，9 月开始进行设计优化和前期准备工作，2008 年年底正式开工并于 2009 年年底前完工进入试运营阶段。

2）运作模式

杨家溪污水处理厂采用 BOT 模式进行建设、运营和维护，由湖南首创投资有限公司100%出资成立张家界首创水务有限责任公司负责项目的具体运营。张家界市人民政府授权市住房和城乡建设局与项目公司签署了《张家界杨家溪污水处理厂 BOT 项目特许经营协议》，就项目的建设、运营、维护、双方的权利义务、违约责任、终止补偿等特许经营内容进行约定。杨家溪污水处理厂项目 PPP 结构示意如图 4.4-3 所示。

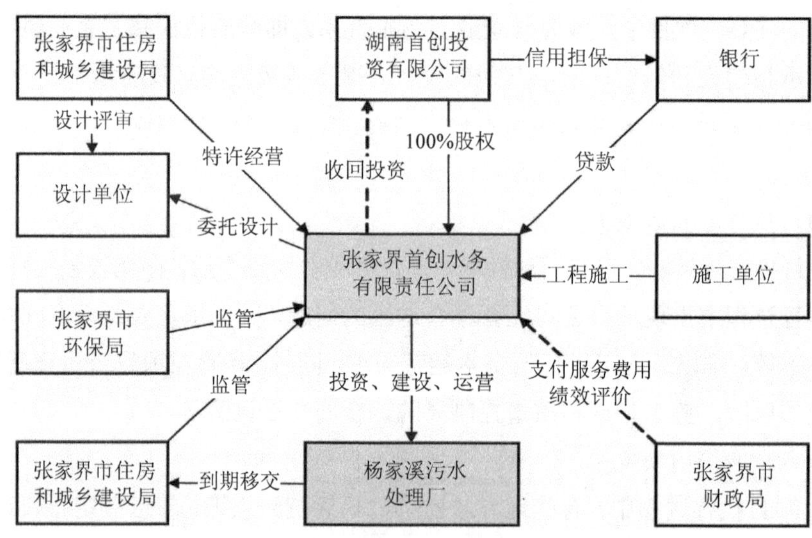

图 4.4-3 杨家溪污水处理厂项目 PPP 结构示意

①特许经营的形式：以 BOT 模式引入社会资本投资建设并运营本项目，经营期限满后将污水处理设施无偿移交政府或政府指定的接收单位。

②特许经营的范围：在特许经营期内投资建设、运行张家界市杨家溪污水处理厂（不含管网资产），处理政府提供的市政污水，收取污水处理服务费。

③特许经营的期限：特许经营期限为 25 年。

④计量及价格机制：由于运营期内污水处理量存在不确定性，通过设定基本水量的方式有效分担风险。水量不足时政府方应就基本水量支付基本污水处理服务费，实际处理水量超过基本水量时，超额水量部分按 60%付费，处理费用单价每两年根据人工、电费等成本变动进行调整。

⑤终止后补偿：因政府方或者项目公司自身原因引起特许经营协议终止，双方需各自承担相应的责任，对另一方作出补偿；由于自然条件引起的不可抗力事件导致协议终止的，双方的损失应各自承担；由于政策、法律法规等引起协议终止的，政府方承担补偿项目公司损失的责任。

3）值得借鉴的经验

杨家溪污水处理厂 BOT 项目的主要目标是引入社会资本的资金以及先进技术和管理经验，提高污水处理服务的质量和效率，推进污水处理市场化改革。从目前来看，这一目标基本达成。总结经验，有如下方面可供借鉴。

①项目实施需要营造公开透明的政策环境，建立协调机制，规范化操作。

首先，张家界市政府成立了市级层面的项目建设指挥部，保障政府和社会资本合作积极稳妥推进。在指挥部推动下，项目的招标和谈判更加透明、决策更加科学民主、协调各职能部门更加高效。

其次，政府聘请专业咨询机构提供财务、法律等顾问服务，提高项目决策的科学性、操作的规范性。顾问服务主要包括两方面内容：一是按国家有关法律法规和规章制度，设计风险和利益分担共享机制，编制特许经营协议；二是构建项目财务模型，为政府方在进行项目招标、谈判中提供参考和支持，通过公开程序确定项目的合理污水处理服务费单价。

②社会资本提前介入，实现风险控制前移。

在招标文件中明确要求处理工艺成熟、处理效果良好，能够保证污水处理后能达标排放。社会资本在事前通过调查、踏勘等方式，根据实践经验确定了处理工艺，并在投标时按工艺特点报价。目前经运行测试，主要工艺设备符合政府要求的技术先进性和可靠性，满足投资人关注的经济性要求，达到了期初提出的整体要求。

③建立合理的风险分担机制和收益分享机制。

该项目在风险管理方面秉承了“由最有能力管理风险的一方来承担相应风险”的风险分配原则，即承担风险的一方应该对该风险具有控制力；承担风险的一方能够将该风险合理转移；承担风险的一方对于控制该风险有更大的经济利益或动机；由该方承担该风险最有效率；如果风险最终发生，承担风险的一方不应将由此产生的费用和损失转移给合同相对方。按照风险分配优化、风险收益对等和风险可控等原则，综合考虑政府风险管理能力、项目回报机制和市场风险管理能力等要素，该项目在政府、社会资本成立的项目公司之间设定风险分配机制，体现在相关法律协议中。该项目主要风险分配框架见表 4.4-1。

表 4.4-1 杨家溪污水处理厂 PPP 项目主要风险分配

序号	风险种类	政府承担	公司承担	备注
1	管网建设和维护	√		
2	征地拆迁实施及成本超支风险	√		公司承担一定范围内的费用
3	项目审批风险	√	√	
4	债务偿还风险		√	
5	项目融资风险		√	
6	厂区设计、建设和运营维护相关风险		√	
7	建设成本超支风险		√	
8	运营成本变动风险	√	√	调整处理服务费单价解决
9	政治不可抗力	√		
10	自然不可抗力	√	√	

在政府方与项目公司签署协议后，除表 4.4-1 中可能存在的风险外，还可能存在项目公司中途违约或者在项目移交时不进行大修等情况，所以杨家溪污水处理厂项目设置了三种保函：

一是履约保函，用来保证项目公司履行建设厂区的义务，在项目建成后该保函将退还；

二是维护保函，用来保证项目公司改造运营、维护污水处理厂的义务，在项目将要移交时用移交保函取代；

三是移交保函，在项目移交时和保证期内保证项目全厂的设备、设施得到良好的大修，在保证期结束后退还。

（2）镇江市海绵城市项目

1）项目概况

镇江市海绵城市 PPP 项目是国家首个双示范项目，即海绵城市建设与 PPP 模式两者相结合的示范项目。项目总投资 25.85 亿元，其中中央财政专项资金 12 亿元，项目公司投资 13.85 亿元。项目范围是以主城区 22 km^2 示范区为主，涉及润州污水处理厂改扩建工程。主要建设内容有道路和小区低影响开发（LID）整治、湿地生态系统建设、污水处理厂建设、雨水泵站建设、管网工程建设、水环境修复保护、海绵城市达标工程建设等。

2）运作模式

社会资本与镇江市水业总公司合资成立项目公司，其中社会资本占股 70%，镇江市水业总公司占股 30%。镇江市政府授权镇江市住建局授予项目公司特许经营权，由项目公司负责项目的投融资、建设和运营管理。该项目交易结构如图 4.4-4 所示。

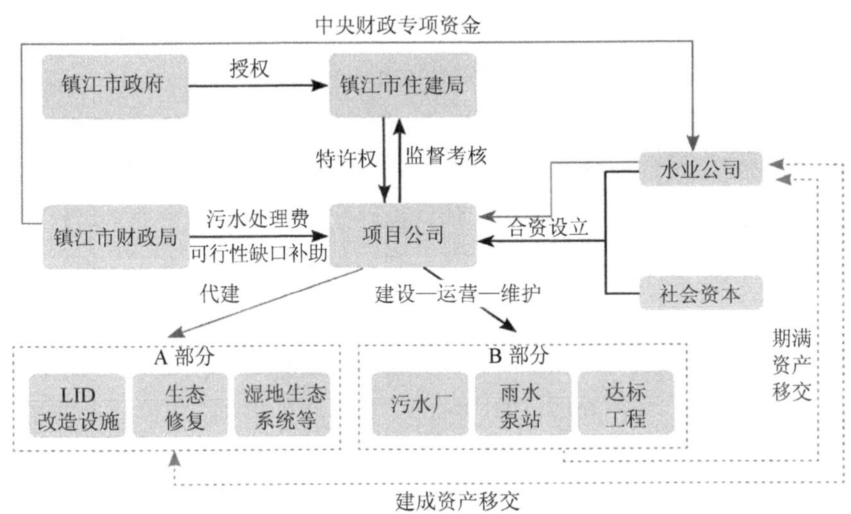

图 4.4-4 镇江市海绵城市项目 PPP 结构示意

项目资本金为 4.62 亿元。其中由镇江市水业总公司代表镇江市政府出资 30%，由社会资本出资 70%，双方共同完成资本金出资，注册组建新的项目公司。新公司将通过融资手段筹集 9.23 亿元，共 13.85 亿元用于镇江海绵城市项目建设。

合作期限为 23 年，含 2015—2017 年 3 年建设期。由于该项目中的建设项目有相当部分是公益项目，所以项目公司在经营期内将通过污水处理费收入和政府购买服务来收回成本，并实现投资回报。目前，政府购买服务费用为每年近 1.7 亿元，然而考虑到长达 20 年的合作期内市场的波动，政府付费金额也设置了合理的调整机制，防止项目公司亏损或获得超额利润。

项目采用 BOT（建设—运营—移交）的运作方式，存量项目在具备一定条件下，可采用委托运营的运作方式。

根据建设资金来源的不同，将项目拆分为 A、B 两部分：

A 部分项目业主为镇江水业总公司，利用中央补贴的海绵城市投资专项资金 12 亿元建设，建设内容包括道路及小区 LID 改造、生态修复和引水活水工程、湿地生态系统等项目。为便于统一协调项目建设管理工作，部分采用委托项目公司代建的模式，建成后移交镇江市水业总公司经营管理。

B 部分项目业主为 PPP 项目公司，各渠道筹措资金余额 13.85 亿元，建设内容包括污水处理厂、雨水泵站、排口排涝、径流、面源污染治理等综合达标工程，B 部分以 BOT 模式运作，由 PPP 项目公司负责融资、建设和运营管理。

3）值得借鉴的经验

①政府高度重视，保障项目得以顺利实施。项目启动前，镇江市政府为规范政府和社

会资本合作，成立了 PPP 领导小组并出台了管理细则，明确了工作流程和部门职责，建立了 PPP 实施方案审查制度，规范了 PPP 项目报批。

②PPP 领导小组各成员单位密切合作，共同决策。针对如何确定海绵城市建设 PPP 项目回报模式这一难点，项目实施机构多次与 PPP 领导小组各部门特别是财政部门积极沟通研究，基于海绵城市项目以社会效益为主的特性，最终确定了以政府购买服务为主的回报模式，以保障社会资本的合理收益，为该项目顺利实施奠定了基础。

③重视项目宣传推广，广泛传播项目信息。项目实施机构特别重视项目的宣传推广工作，先后参与了江苏省 PPP 省级试点项目推介会和其他多种形式的项目推介会，专门编制了精美的项目宣传手册。在推介项目的同时，与对该项目感兴趣的投资人进行深入交流，让投资人进一步了解项目，重点从该项目双示范的角度剖析海绵城市建设作为国家发展战略层面的重要意义，希望投资人通过镇江项目先行先试的优势，形成可复制、可推广的镇江经验，将镇江海绵 PPP 公司打造成区域性海绵城市建设的投融资平台，通过输出管理、技术和资本来占领国内海绵城市建设市场，以此来吸引尽可能多的投资人参与该项目的投资竞争。

④开展市场测试，加深政企相互了解。2015 年 10 月，为充分了解潜在社会资本对镇江市海绵城市建设 PPP 项目的投资意向和关注重点，镇江市住建局与咨询顾问北京金准咨询公司先后与 10 多家社会资本进行了一对一的初步会谈，向各投资人介绍了镇江市海绵城市建设项目的基本情况及初步构想，听取投资人对项目实施方案初稿的初步意见，并收集了社会资本对项目的疑问、对项目实施方案的建议等内容。针对投资人提出的意见和建议进一步完善优化实施方案的相关内容，为下一步项目的顺利开展奠定了基础。

⑤会商金融机构，提前锁定融资成本。市住建局和市财政局主动对接金融机构，由于受到国家海绵城市建设政策及 PPP 政策的支持，各金融机构对该项目表现出了浓厚兴趣，建设银行、中国银行、邮政储蓄银行和农业银行等多家金融机构都为该项目就融资成本、期限和贷款条件等提交了融资方案，初步达成了贷款期限不低于 20 年、融资成本为同期人民银行贷款基准利率下浮 10%的融资方案。此运作方式提前确定了融资成本上限，最终能有效降低政府财政支出负担。

⑥规范采购方式，促进资本充分竞争。财政部于 2014 年 12 月发布的《政府采购竞争性磋商采购方式管理暂行办法》，确定了竞争型磋商采购方式作为政府选择社会资本的重要采购方式。区别于传统竞争性谈判的“最低价成交”模式，在“竞争报价”阶段，竞争性磋商采用了类似公开招标的“综合评分法”，在需求完整、明确的基础上实现合理报价和公平交易，并避免竞争性谈判最低价成交可能导致的恶性竞争。该项目通过采用竞争性磋商的方式，在与社会资本的磋商过程中不断明确需求，并通过磋商降低了中选社会资本

方的响应报价，从而降低了镇江市财政对该项目政府购买服务费用的支出负担。

⑦明确报价构成，为再谈判提供依据。该项目是国家首批试点的海绵城市建设项目，建设内容多、构成复杂，在 PPP 采购阶段，有相当部分的建设内容设计方案尚未确定，运营成本更无从估算。该项目创新性地设计了运营费用的再谈判机制，将几个关键建设运营技术经济参数设计为竞争点，通过投资人采购环节的报价加以锁定，作为再谈判的依据，有效降低再谈判的难度，保障项目后续顺利实施。

（3）苏州市吴中静脉园垃圾焚烧发电项目

1）项目概况

苏州市垃圾焚烧发电项目共由三期工程组成，总投资超过 18 亿元人民币，设计处理规模为 3 550 t/d，年焚烧生活垃圾 150 万 t，上网电量 4 亿度①，是目前我国已经投运的最大的生活垃圾焚烧发电项目之一。为配套焚烧厂的运行，苏州市政府与光大国际采取 BOT 方式先后建成了沼气发电、危险废物安全处置中心、垃圾渗滤液处置等项目。在政府主导下，餐厨垃圾处理等固体废物处置项目也相继落户该区域，这些项目相互配套形成了一定的集约效应和循环效应。

2）运作模式

①经营主体：项目合作双方为苏州市政府和光大国际。选择光大国际作为合作者的考虑主要是其“中央企业、外资企业、上市公司、实业公司”的四重身份，具备较强的项目实施能力和资金技术背景。项目由苏州市市政公用局代表市政府签约，光大国际方面由江苏苏能垃圾发电有限公司[后更名光大环保能源（苏州）有限公司]签约。由苏州市市政公用局代表市政府授权项目公司负责该项目的投资、建设、运营、维护和移交。双方签订《苏州市垃圾处理服务特许权协议》，并于 2006 年、2007 年、2009 年等年度分别就其中具体条款变更事项签订了补充协议。

②特许经营的形式与期限：项目分三期采用 BOT 模式建设，其中一期工程项目特许经营期为 25.5 年（含建设期），二期工程特许经营期为 23 年，三期工程设定建设期为两年，并将整体项目合作期延长 3 年，至 2032 年特许经营终止。

③收益机制：依靠经营收回投资获得收益，主要由两部分构成：

垃圾处理费。双方最初约定项目基期每吨垃圾处理费为 90 元，当年垃圾处理费在基期处理费基础上按照江苏省统计局公布的居民消费品价格指数 CPI（累计变动 3%的情况下）进行调整。后由于住建部调整城市垃圾处理收费标准、新建项目投运办法，双方于 2006 年及之后多次签订补充协议进行调整。

上网电价。上网电价部分执行国家和地方有关标准，一期工程为 0.575 元/度，二期、

① 1 度=1 kW·h。

三期工程为 0.636 元/度。

项目公司除负担经营成本支出外，还需要负担苏州市部分节能环保宣传费用。

3）值得借鉴的经验

①整合相关项目集群，实现规模经济效益。该项目实质上是围绕城市垃圾处理的一个项目群。由于各个子项内容具有较强的关联性，通过整合实施达到了优于各子项单独实施的规模经济效益。垃圾处理包括多个相对独立的环节，吴中静脉产业园以垃圾焚烧发电项目为核心，将多种城市垃圾集中处理，炉渣、渗滤液、飞灰等危险废物处理等环节有效整合，形成了一体化的项目群，有效提高了项目的运行效率，实现了对不同项目收益的综合平衡，达到了整体效果最优。各种废物在园区范围内均得到有效处理和利用，生活垃圾焚烧发电产生的余热向园区周边的用户供热，形成区内区外的资源整合，提高能源综合利用效率。

②坚持“以人为本、造福于民”的宗旨。积极打造园区花园式环境并加大环保处理设施投入，严防二次污染，并注重与周边居民进行沟通交流。在接受监督的同时，从周边居民对环境质量改善的要求出发，大力推进区域生态修复，园区周边原有的“脏、乱、差”现象得到极大的改善，区域内的宜居程度得到了大幅度的提高，体现了造福于民的宗旨。

③强化运行监督，确保运行安全。建立了严格的环境监督管理制度，所在地镇政府对产业园进行长期驻厂监管，专人 24 h 联网监督重要的生产数据与环境保护数据，烟气排放污染物在线监测数据实现对公众公开公示，项目还引入第三方对各项环境指标进行检测，每年由江苏省环境监测站对环境中的二噁英进行 4 次检测，确保项目运行中的环境安全。

④统筹兼顾各方利益。项目建设本着优化垃圾综合利用网络，从垃圾产生、收集、运输到处理利用各个技术环节进行全过程优化，以实现经济、社会、环境效益的最大化为目标，制定两个兼顾原则：从时间上兼顾近期和远期，在空间上兼顾当地和周边地区，以吴中区为核心，服务范围至苏州全市乃至长三角地区。

4.4.4 适用于环保产业的 PPP 运行模式

就私有化程度来说，BOT 意味着很低的私有化程度，项目设施的所有权并不转移给私人；BOOT 代表了一种居中的私有化程度，设施的所有权在一定有限的时间内转给私人；BOO 代表的是一种最高级别的私有化，项目设施没有任何时间限制地被私有化并转移给私人。而高级别的私有化程度政府不具控制力，会慎重采用此模式；较低的私有化程度一般期限较长，操作过程复杂，风险分配复杂，增加了贷款人的风险；居中的私有化程度的 BOOT 模式，企业负责投融资、设计、建设、运营，并拥有运营期间及之前的产权，有利于企业融资。BOOT 模式中，企业为追求利益最大化，更注重设施的设计、建设，能够提高资金使用效率和设施运营效率；在项目运行阶段，政府具有监管权力，在协议期满后，政府拥有产权，利于政府对基础设施的控制。但政府在制定协议时，需明确移交产权时的项目整体标准，加大对项目运营后期的监管力度，防止后期设施改进的不到位。

就发展趋势来说，DBO 模式具有责任主体比较单一、优化项目的全寿命周期成本等优势，特别是对于项目方或责任方来说，不存在融资风险，因此，DBO 模式是许多发达国家多年来普遍采用的一种主流模式，其遍布污水处理、供水工程、海水淡化等多个领域。在市政治污领域，DBO 模式与特许经营制度能够很好地兼容，采用 DBO 模式可以实现产权主体与运营主体的分离、投资与建设环节的分离，同时也有利于污染责任与治污责任的转移和分离，投资人会更加注重提高效率，也就堵住投资主体权力的扩张，如在设备采购、项目招标过程中的暗箱操作，企业更加专注于在技术、运营方面能力的提升，从而提高了建设和运营的效率，更有利于项目长期保持服务质量和运营效率。在环保工程方面，我国目前以 BOT 模式为主，而国外 DBO 模式已经相当盛行。随着我国市场化的加深，有活力的 DBO 商业投资模式会越来越普遍。

4.5 大力推进环保产业 PPP 模式的建议

PPP 模式的推进，将极大地促进环保产业的市场化程度，拓宽环保产业的发展空间，对于践行绿色发展理念、建设美丽中国、实现经济发展与生态环境保护双赢具有重大意义。但目前我国环保产业 PPP 项目实施过程中还存在诸多问题，以下提出我国大力推进环保产业 PPP 模式的建议。

（1）完善环保产业 PPP 模式的相关法律法规体系

根据环保产业项目社会效益强而经济效益偏弱的特点，进一步完善适用于环保产业 PPP 项目的法律法规体系，包括市场准入、政府采购、预算管理、风险分担、流程管理、绩效评价和争议解决等法律、法规、政策。建立环保产业 PPP 信息公开制度，通过建立信息公开平台促进 PPP 项目信息和投标企业的信息公开，提高 PPP 项目的透明度，促进合作双方的有效对接。制定出台环保产业 PPP 项目的绩效评价标准，重点关注项目的环境效益和社会效益，进一步提高社会资本专业技术门槛，以保障通过 PPP 模式建设环保项目的高效经营。

（2）建立合理的环保产业 PPP 项目投资回报机制

针对环保项目收益低、回报周期长的特点，合理确定服务价格和收费标准、运营年限，确保政府补贴适度，建立动态可调整的投资回报机制，根据运行条件、环境标准等变化及时调整完善，防范中长期财政风险。积极推进资源组合开发模式，探索将环境治理与周边土地开发、供水、林下经济、生态农业、生态渔业、生态旅游等收益较高的资源开发项目组合，通过环保产业与其他产业的融合发展来提高项目收益。在垃圾处置、农作物秸秆处理、畜禽养殖粪便治理以及水资源短缺地区的污水处理回用等领域大力推行资源化处理技术，形成新的投资回报渠道。

（3）推进环保产业 PPP 项目投融资模式创新

综合发挥政府 PPP 引导基金、银行贷款、PE 投资等多种投融资渠道的优势，充分利用国内、国际市场的资源，充分发挥资本市场的功能，持续、稳定、高效地为环保产业“融资本、融技术、融资源”。设立金融机构投入为主、政府引导为辅、市场化运作的环境保护基金，采用债权为主的使用方式，政府以无息投入让利于社会资本方，降低环保产业 PPP 项目社会资本的融资成本。鼓励环境金融服务创新，支持开展排污权、收费权、政府购买服务协议及特许权协议项下收益质押担保融资，降低社会资本项目融资难度。

（4）实施环保产业 PPP 项目公司税收优惠政策

在保持税收政策中性与公平的前提下，制定并实施支持环保产业 PPP 项目的绿色税收优惠政策，针对项目公司成立阶段和执行到期阶段资产交易转让两个环节给予适度税收优惠。适度实施环保产业 PPP 项目的增值税、企业所得税、契税等税种税收优惠政策，以降低 PPP 项目公司经营成本和投资风险，提高社会资本参与环保产业 PPP 项目的积极性。鼓励环境 PPP 项目公司以其税后利润直接投资于本企业增加注册资本，或作为资本股权投资其他 PPP 项目，按一定比例退还其再投资部分已缴纳的企业所得税税款。

（5）提升环保产业 PPP 项目咨询服务支撑能力

环保产业 PPP 项目涉及专业领域较多，而且环保产业与其他行业存在显著差异，需要大力培育本土环保产业专业 PPP 咨询服务公司，加强专业咨询机构管理和服务工作，促进环保产业 PPP 项目的健康发展。鼓励各级环境保护科研院所和大专院校将 PPP 模式及基础设施和公共服务领域列为研究和教学重点，为服务机构培养专业人才，加快建立环保产业 PPP 产学研一体化的智库体系，为我国环保产业 PPP 模式实现跨越式发展提供强大的智力支持。

5 产业成熟度评价在环保产业中的应用研究

产业发展遵循着客观的周期性规律，经历从技术研发成熟、制造能力成熟，再到新商品市场完善成熟的必然过程，环保产业也不例外。“成熟”的本意，是指植物果实成长到可以收获的程度。成熟度被引申为事物的完善程度，是对一个事物或人的发展、成长的综合性描述和度量[103]。成熟度评价方法可以看作一种基于系统工程解决实际工程问题的方法，是系统整体实现最优目标的组织管理技术。

产业成熟度（IML），是评价和度量产业从诞生到成熟发展过程的量化标准，反映了产业发展的完善程度。产业的形成与发展遵从一定的演化规律，处于早期形成阶段的产业称为新兴产业，当新兴产业经过初始阶段和增长阶段，一直发展到成熟阶段时就被称为成熟的产业。产业成熟度是分析和评价产业发展状态的有效工具，具有重要的理论意义和实用价值[104]。

5.1 成熟度评价分析方法

产业成熟度评价是从定性到定量的综合集成方法，首先对技术、制造的成熟状况进行评价，进而集成出产品成熟度；在此基础上结合市场成熟度评价结果最终集成产业成熟度的综合评价结果（产业成熟度等级）。产业成熟度评价模型及指标体系见图 5.1-1。

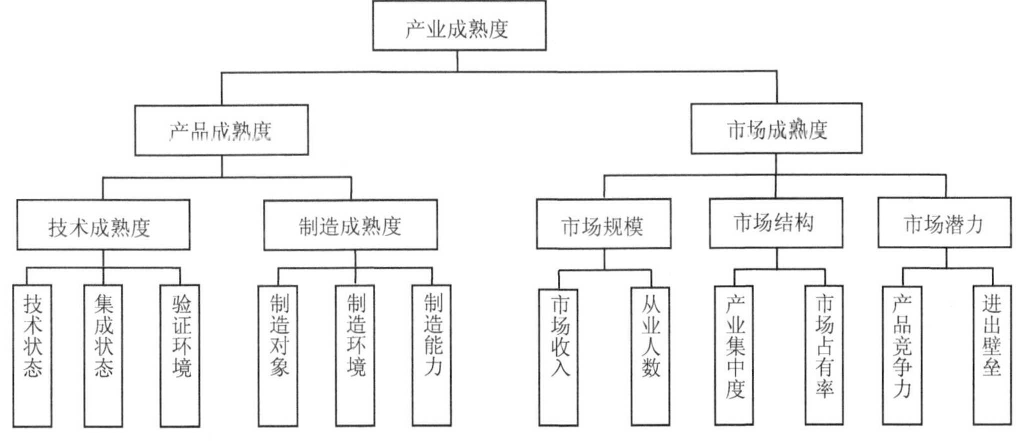

图 5.1-1 产业成熟度评价模型及指标体系

可以将产业成熟度划分为 4 个成熟阶段（等级），即萌芽阶段、培育阶段、发展阶段和成熟阶段[104]。萌芽阶段（IML1）：以技术研发为主导的产业萌芽阶段，主要活动是开展技术的基础研究和研发；培育阶段（IML2）：以技术应用为主导的产业培育阶段，本阶段标志是产业的产品或服务取得了商业化应用示范的成功，且随着商业化应用的推广，产品或服务在性能、成本等方面的优势得到了确认；发展阶段（IML3）：以市场为主导的产业快速发展阶段，大规模市场推广示范取得成功后，吸引大量竞争者进入市场，产品或服务的销售量在一段时间内可以保持较高增长率；成熟阶段（IML4）：以产业链为主导的产业发展成熟阶段，该阶段标志着产业链条基本形成，行业标准得到应用，产业链向着逐步完善的方向发展。随着产品或服务的供需接近饱和状态，销售量增长率逐步趋缓，企业之间进行大规模兼并重组，产业集中度不断提高，领先企业脱颖而出。

5.1.1 技术成熟度评价准则

技术成熟度等级（Technology Readiness Level，TRL），是对技术成熟程度进行度量和评测的一种标准和尺度，它分为 9 个级别，TRL1 级最低，TRL9 级最高。技术成熟度评价始于 20 世纪 60 年代的 NASA。1995 年，NASA 的《技术成熟度白皮书》将技术成熟度划分为 9 级。技术成熟度准则参考我国军用标准《装备技术成熟度等级划分及定义》（GJB 7688—2012），并根据各领域组情况做出补充与修改，详见表 5.1-1。

表 5.1-1 技术成熟度评价准则

TRL	评价准则
1	观察到支撑该技术的基本原理或看到基本原理的报道
2	提出将基本原理应用于系统中的设想
3	关键功能和特性初步通过实验室环境验证
4	以部件级实验室产品为载体通过实验室环境验证
5	以单机级初级演示验证产品为载体通过模拟使用环境验证
6	以分系统或系统级高级演示验证产品为载体通过模拟使用环境验证
7	以系统级工程原型产品为载体通过典型使用环境验证
8	以系统级试用产品为载体通过测试和交付试验
9	系统级的成熟产品通过广泛应用和考验

5.1.2 制造成熟度评价准则

制造成熟度等级（Manufacturing Readiness Level，MRL），是对制造技术成熟程度进行度量和评价的一种标准，它反映了制造技术对产品生产能力预期目标的满足程度。它是基于事物发展客观规律，根据项目制造管理的最佳实践经验，依据产品全生命周期过程划分的阶段性指标，为项目的制造风险管理提供了一种统一的标准化通用语言。2001 年，美国国防部建立 MRL 工作组；2003 年，美国国防部发布 MRL 定义；2010 年，美国国防部发布《制造成熟度等级手册》。制造成熟度划分为 10 个等级，涵盖了从提出制造概念到形成批量生产和精益化生产能力的全过程，体现了从研制到生产的一般发展过程，制造成熟度等级划分及各级标准见表 5.1-2。

表 5.1-2 制造成熟度评价准则

MRL	评价准则
1	确定制造内涵
2	确定制造方案
3	制造方案的可行性得到初步验证
4	具备在实验室环境下制造技术原理样件的能力
5	具备在相关生产环境下制造原型部件的能力
6	具备在相关生产环境下制造原型系统或分系统的能力
7	具备在典型生产环境下制造系统、分系统或部件的能力
8	试生产线能力得到验证，准备开始低速率生产
9	低速率生产能力得到验证，准备开始全速率生产
10	全速率生产能力得到验证，转向精益化生产

5.1.3 产品成熟度综合集成

产品成熟度（Product Readiness Level，PRL），是指对产品在研制、生产及使用过程中技术要素和制造能力的一种度量。从研发新产品的概念到发展为投放市场的商品，产品研发过程被划分为 5 个不同的阶段，每一阶段均表示产品成熟的不同状态。产品成熟度将分开的技术研发和制造能力评价综合集成起来，蕴含了技术成熟度和制造成熟度评价结果和属性特征，综合集成关系见表 5.1-3。

表 5.1-3 产品成熟度综合集成

<table>
<tr><th colspan="2">产品成熟度</th><th>技术成熟度</th><th>制造成熟度</th></tr>
<tr><td rowspan="3">PRL1</td><td rowspan="3">概念产品</td><td>TRL1</td><td>MRL1</td></tr>
<tr><td>TRL2</td><td>MRL2</td></tr>
<tr><td>TRL3</td><td>MRL3</td></tr>
<tr><td rowspan="3">PRL2</td><td rowspan="3">实验室产品</td><td>TRL4</td><td>MRL4</td></tr>
<tr><td>TRL5</td><td>MRL5</td></tr>
<tr><td>TRL6</td><td>MRL6</td></tr>
<tr><td rowspan="2">PRL3</td><td rowspan="2">工程化产品</td><td rowspan="2">TRL7</td><td>MRL7</td></tr>
<tr><td>MRL8</td></tr>
<tr><td>PRL4</td><td>小批量市场化产品</td><td>TRL8</td><td>MRL9</td></tr>
<tr><td>PRL5</td><td>大批量精益化市场产品
或高质量细分市场产品</td><td>TRL9</td><td>MRL10</td></tr>
</table>

5.1.4 市场成熟度评价准则

市场成熟度（Market Maturity Level，MML），是评价和度量市场相对于完全成熟而言所处状态的标准。它反映了运用新技术研发出的产品在导入市场后，其市场规模、市场结构和市场潜力相对于预期成熟目标的满足程度，是量化市场发展过程的方法。市场成熟度等级划分及各级标准见表 5.1-4。

表 5.1-4 市场成熟度评价指标体系

市场成熟属性		1 级（导入期）	2 级（成长期）	3 级（成熟期）
市场规模	市场收入	前期投入大，市场收入规模低	收入规模增加，实现盈利	收入和利润规模稳定
	从业人数	以研发人员为主，但生产和销售人员开始增加	以生产和销售人员为主，生产和销售人员大幅增加	从业人员数量和结构趋于稳定
市场结构	产业集中度	产品处于导入阶段，产品生产销售只集中在少数企业	从事产品生产销售的企业数量大幅增加，产业集中度较低	产业经过并购整合调整，形成了以少数规模大、实力强的企业为龙头的完整产业链
	市场占有率	产品商业应用示范，占有率较低	大规模商业化应用，占有率快速增长	市场供需平衡，占有率高且趋于平衡
市场潜力	产品竞争力	产品预期具有较强的竞争力	产品竞争力优势显现	产品竞争力优势明显
	进入壁垒	少数企业掌握核心技术，技术壁垒高	核心技术大规模应用，技术壁垒降低	产业规模经济效应显现，进入壁垒高

5.1.5 产业成熟度综合集成

产业成熟度评价采用定性定量相结合的方法，重点把握从技术、制造到产品、市场和产业的发展成熟规律，并以此来最终确定产业成熟度等级。因此，产业成熟度反映了产品成熟和市场成熟的综合集成情况，二者的综合集成关系见表 5.1-5。

表 5.1-5 产业成熟度综合集成

<table>
<tr><th>产品成熟度</th><th>市场成熟度</th><th colspan="2">产业成熟度</th></tr>
<tr><td>PRL1</td><td rowspan="4">MML1</td><td rowspan="3">IML1</td><td rowspan="3">萌芽期</td></tr>
<tr><td>PRL2</td></tr>
<tr><td>PRL3</td></tr>
<tr><td>PRL4</td><td>IML2</td><td>培育期</td></tr>
<tr><td rowspan="2">PRL5</td><td>MML2</td><td>IML3</td><td>发展期</td></tr>
<tr><td>MML3</td><td>IML4</td><td>成熟期</td></tr>
</table>

5.2 环保产业成熟度评价案例

5.2.1 节能建筑外墙保温技术和材料产业

（1）产业简介

外墙保温是指采用一定的固定方式，把导热系数较低的绝热材料与建筑物墙体固定于一体，增加墙体的平均热阻值，从而达到保温或隔热效果的一种工程做法。建筑外墙保温工艺主要有四种：外墙外保温、外墙内保温、外墙夹芯保温、墙体自保温[105]。其中建筑墙体节能措施以外墙外保温为主，它对我国建筑节能事业的发展起到了非常重要的作用，但是目前墙体外保温技术设计使用年限为 25 年，与建筑物主体结构 50～70 年的设计使用年限比，存在严重不匹配现象。因此，发展建筑节能与结构一体化技术，是从根本上解决外墙保温工程的维修和更换问题、真正实现节约资源和节能减排的双重目标。

目前，我国建筑节能外墙保温市场已发展成为种类繁多、技术构造多样、产品需求巨大的一个产业。经过近 20 年的研究及近 10 年的外墙大规模应用，已经形成了全系列各种类型保温技术的应用技术规范、规程，每种类型的保温系统在我国均有大量的保温工程案例，应用技术日趋成熟，国外一大批知名的保温企业均在我国设立研发生产基地或分公司，国内也涌现出一大批勇于创新、致力于推广外墙外保温技术的规模较大的公司。

（2）成熟度评价

对节能建筑外墙保温技术和材料产业的技术成熟度、制造成熟度、产品成熟度、市场成熟度和产业成熟度综合集成评价详见表 5.2-1。评价数据显示，技术成熟度和制造成熟度较高，市场层面处于发展期（MML2）初期阶段，产业层面整体处于培育期（IML2），亟须市场推广与产业培育扶持。

表 5.2-1 节能建筑外墙保温技术和材料产业成熟度评价

重点产业方向名称		节能建筑外墙保温技术和材料产业
重大突破性技术名称		节能与结构一体化技术
技术成熟度评价	重大突破性技术的技术现状	作为技术成熟度评价依据，简要说明该重大突破性技术的技术现状，包括该项技术研制的技术产品、达到的功能和性能指标以及试验验证的环境等。 建筑节能与结构一体化技术，是指集建筑保温隔热功能与墙体围护功能于一体、墙体不需要另行采取保温措施即可满足现行建筑节能标准要求的新型建筑结构体系，不但保温防火性能优良、质量安全可靠，而且能够实现建筑保温与墙体同寿命

重点产业方向名称		节能建筑外墙保温技术和材料产业
重大突破性技术名称		节能与结构一体化技术
技术成熟度评价	重大突破性技术的技术现状	建筑节能与结构一体化技术特点：①具有良好的保温隔热性能，可达到建筑节能65%甚至更高的要求；②实现产品工厂化生产和结构防火功能，从根本上解决墙体保温工程的消防安全隐患；③结构与保温工程同步设计、同步施工，解决了新建建筑“穿棉衣”的顽症，工程质量安全可靠；④实现了保温与建筑同寿命，经济、社会、环境综合效益显著。 目前全国各省市、大专院校已经陆续开展建筑节能与结构一体化技术的研究，其中 CL 结构体系由石家庄某公司于 1994 年开始研发，清华大学、西安建筑科技大学已相继完成一系列试验研究，并成功应用于山东、河北与陕西等省的大型住宅内。 河北、山东、陕西等省已出台相应的《CL 结构体系技术规程》。CL 结构体系 CL 建筑体系适用于设防烈度为 8°及 8°以下严寒、寒冷地区和夏热冬暖、夏热冬冷地区有保温隔热、隔声要求的 30 层以内所有居住建筑和公共建筑。实践证明，CL 建筑体系可取代砖混结构及黏土制品，保护耕地、节约能源、减少大气污染；其节能达 65%以上标准，且建筑物的全生命周期无须维护、维修；其抗震性能比砖混结构提高 2～3 个抗震烈度；该体系比砖混结构增加使用面积 8%～10%；CL 建筑体系 70%的构件在工厂由计算机控制完成，产品质量稳定且生产效率高，加快施工进度 40%，最大限度地实现了建筑工厂化、住宅产业化；比砖混结构延长使用寿命 50 年以上，给社会减少建筑垃圾 50%；该体系在节能达到 65%标准的基础上，比其他结构在同等节能标准的条件下降低造价 5%左右
	当前 TRL 级别	根据技术成熟度评价参考准则，评价该项重大突破性技术的 TRL 级别。 TRL 8
制造成熟度评价	重大突破性技术的制造现状	作为制造成熟度评价依据，简要说明该重大突破性技术的制造现状，包括已经形成的产品状况、实现制造能力、制造环境等。 目前，建筑节能与结构一体化技术体系有：CL 结构体系（复合保温钢筋焊接网架混凝土剪力墙）、FS 外模板现浇混凝土复合保温体系、IPS 现浇混凝土剪力墙结构自保温体系、砖块自保温体系（包括承重和非承重体系）、夹心复合墙砖砌块保温结构体系等，这些建筑节能与结构一体化技术已经非常成熟，并已经开始大量使用。其中 CL 建筑体系生产基地基本覆盖河北省各区市，CL 建筑体系由河北省自主研发，其综合技术达到国际先进水平。它是一种保温与结构一体化的复合钢筋混凝土剪力墙结构体系，较好地解决了保温技术方面存在的共性关键技术难题，实现了建筑节能与结构一体化和同寿命。该体系已在全国 10 多个省市推广应用，建成 3 000 多万 m^2 CL 体系建筑（其中省内近千万平方米）；在全国建设专业化部品生产基地 30 多个，总生产能力可满足每年 2 000 万 m^2 建筑需要。 另外，山东省于 2009 年正式启动了山东省建筑节能与结构一体化技术集成研究的重大课题，主要包括现浇钢筋混凝土结构复合保温体系类、砌体自保温结构体系类、夹心保温复合砖砌体结构体系类、装配式混凝土复合墙板保温体系类四大类技术体系。截至 2013 年，山东省编制了 8 项节能与结构一体化技术规程和导则、12 项标准图集，全省建立了一批一体化技术产品生产基地，建成各类一体化技术试点示范工程 500 多万 m^2，形成了一套适合山东省低于要求的四大类八项一体化技术体系，综合技术成果达到国内领先水平，试点示范工程应用良好，已经具备了大规模全面推广的条件，市场前景将十分广阔
	当前 MRL 级别	根据制造成熟度评价参考准则，评价该项重大突破性技术的 MRL 级别。 MRL 9

<table>
<tr><td colspan="2">重点产业方向名称</td><td colspan="2">节能建筑外墙保温技术和材料产业</td></tr>
<tr><td colspan="2">重大突破性技术名称</td><td colspan="2">节能与结构一体化技术</td></tr>
<tr><td rowspan="13">市场成熟度评价</td><td>市场现状</td><td colspan="2">简要说明该重大突破性技术所形成产品的市场现状，包括市场规模、市场结构、市场潜力等。
为了满足市场对建筑结构与节能一体化体系，尤其是 CL 建筑结构体系的需求，目前已经在石家庄、衡水、唐山、秦皇岛、太原、呼和浩特、泰安、潍坊、淄博、菏泽、涿州等地建成 CL 结构体系专用产品生产基地，年产 CL 网架板 600 万 m^2，可以满足近千万平方米高标准节能住宅的需要。按照建设部测算，我国若达成 2020 年城镇建筑达到 65%节能率（相对于在 2005 年基数上再节能 30%）的规划，从 2008 年起，建筑节能领域的投资额将达到 2 万亿元，每年的建筑节能产业经济效益也高达数千亿。另外，预计到 2020 年，我国高耗能建筑面积将达到 700 亿 m^2。因此，建筑节能与结构一体化技术在未来具有广阔的发展空间和良好的发展前景</td></tr>
<tr><td rowspan="2">市场规模</td><td>市场收入</td><td>□前期投入大，市场收入规模低（MML1）
■收入规模增加，实现盈利（MML2）
□收入利润规模稳定（MML3）</td></tr>
<tr><td>从业人员</td><td>□以研发人员为主，但生产和销售人员开始增加（MML1）
■以生产和销售人员为主，生产销售人员大幅增加（MML2）
□从业人员数量和结构趋于稳定（MML3）</td></tr>
<tr><td rowspan="2">市场结构</td><td>产业集中度</td><td>□产品处于导入阶段，产品生产销售只集中在少数企业（MML1）
■从事产品生产销售的企业数量大幅增加，产业集中度较低（MML2）
□产业经过并购整合调整，形成了以少数规模大、实力强的企业为龙头的完整产业链（MML3）</td></tr>
<tr><td>市场占有率</td><td>□产品商业应用示范，占有率较低（MML1）
■大规模商业化应用，占有率快速增长（MML2）
□市场供需平衡，占有率高且趋于平稳（MML3）</td></tr>
<tr><td rowspan="2">市场潜力</td><td>产品竞争力</td><td>□产品预期具有较强的竞争力（MML1）
□产品竞争力优势显现（MML2）
■产品竞争力优势明显（MML3）</td></tr>
<tr><td>进入壁垒</td><td>□少数企业掌握核心技术，技术壁垒高（MML1）
■核心技术大规模应用，技术壁垒降低（MML2）
□产业规模经济效应显现，进入壁垒高（MML3）</td></tr>
</table>

重点产业方向名称	节能建筑外墙保温技术和材料产业
重大突破性技术名称	节能与结构一体化技术
时序预测/a	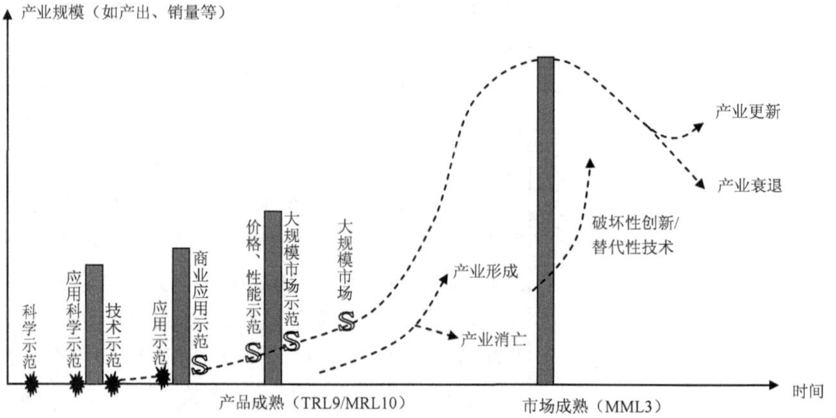 产业规模（如产出、销量等） 科学示范 应用科学示范 技术示范 应用示范 商业应用示范 价格、性能示范 大规模市场示范 大规模市场 产业形成 产业消亡 破坏性创新/替代性技术 产业更新 产业衰退 产品成熟（TRL9/MRL10） 市场成熟（MML3） 时间 1．请预测“十三五”时期（2015—2020年）技术、制造、市场的成熟等级： 技术成熟度（TRL1-9）：9 制造成熟度（MRL1-10）：10 市场成熟度（MML1-3）：2 2．请预测技术、制造、市场完全成熟的时间点： 技术完全成熟（TRL9）：2020 年 制造完全成熟（MRL10）：2020 年 市场完全成熟（MML3）：2025 年
培育与发展建议	针对技术到产业发展的各个层面，提出有益于自身发展的培育与发展建议。 ①重点支持已经站在国际前沿的单位，不断推进技术发展，确保我国的国际领先地位； ②在对新技术进行大量的理论与试验的基础上，开展试点工程，在实践过程中逐步完善相应的技术准则与规范，以使该技术有更广阔的市场应用前景； ③各地区根据经济发展水平、建筑结构特点、资源条件和产业现状等，通过示范工程建设和充分调研论证，合理确定一体化技术方向。以当地的科研机构、企业为依托，积极研发具有当地特色的一体化技术产品，培育发展一批从事一体化技术研发、生产的产业化基地，确保产品质量和市场供应

5.2.2 柴油机尾气净化产业

（1）产业简介

根据《2014年机动车污染防治年报》，占机动车总量15.2%的柴油车氮氧化物和颗粒物排放量分别占汽车排放总量的70%和超过90%，我国柴油车尾气净化处于起步阶段，产业发展潜力巨大。目前，国内外基本达成共识，选择性催化还原 NO_x 技术（SCR）将成为未来国内柴油机排放升级的主要技术方向，即在催化剂的作用下，选择还原剂，“有选择性”地与柴油车尾气中的 NO_x 反应生成无毒无污染的 N_2 和 H_2O，SCR 技术又通过强化发动机机内燃烧来降低 PM 的生成[106, 107]。

1957 年，Engelhard 公司首先提出将 NH_3 作为还原剂进行选择性催化脱除氮氧化物的技术路线[108]。目前，SCR 作为新型尾气后处理装置，在国外已经进入实用阶段，并被欧洲与日本认为是未来中、重型柴油发动机符合未来排放法规的主要技术路线，美国正逐渐接受 SCR 并扩大市场。

SCR 系统因节省燃油消耗、满足排放法规的要求、系统装备简单等，更适合中国市场[109]。在 SCR 技术中，催化剂是核心，投资约占 SCR 工艺总投资的 1/3，但国内研究尚处于试验阶段，技术薄弱。作为国内最大的高压共轨发动机 SCR 后处理系统企业，威孚力达依托博世背景的产品具有领先的优势，在 SCR 后处理系统行业占据 50%的市场份额，格兰富的系统也占有相当重要的地位。随着解放、东风、集瑞重卡、玉柴、潍柴等都投入资金对后处理系统进行研发，国内 SCR 后处理系统企业间竞争加剧。目前来说，国内有小部分企业自主研发的 SCR 系统已经能满足相应的排放法规，如苏州派格力有限公司、安徽艾可兰科技股份有限公司和无锡市凯龙汽车设备制造有限公司等。

（2）成熟度评价

对柴油机尾气净化产业的技术成熟度、制造成熟度、产品成熟度、市场成熟度和产业成熟度综合集成评价详见表 5.2-2。评价数据显示，技术成熟度和制造成熟度较高，市场层面处于发展期（MML2）初期阶段，产业层面整体处于培育期（IML2），亟须市场推广与产业培育扶持。

表 5.2-2 柴油机尾气净化产业成熟度评价

重点产业方向名称		柴油机尾气净化产业
重大突破性技术名称		选择性催化还原 NO_x 技术（SCR 技术）
技术成熟度评价	重大突破性技术的技术现状	作为技术成熟度评价依据，简要说明该重大突破性技术的技术现状，包括该项技术研制的技术产品、达到的功能和性能指标以及试验验证的环境等。 我国的 SCR 技术正处于起步阶段，尚未研制开发出可以实用化的、高效的柴油车尾气净化催化技术，核心技术仍掌握在发达国家手中，特别是对于催化剂，仍依靠国外进口，国内尚处于试验阶段。因此，立足于我国国情，开发出适用于我国机动车工况的高性能 SCR 催化剂，实现 SCR 催化剂的国产化是亟待解决的问题。要实现产业化还有很长的路要走，但市场应用前景非常广泛。 国内具备 SCR 电控系统开发能力的企业有 6 家，但像无锡市凯龙汽车设备制造有限公司等是采用的外包方式，并且，在国Ⅳ排放目录上还没确认是否是其自主的 DCU（驱动控制单元），另外，大多数国产的 DCU 仅限于达成喷射、完成排放这一目标。同时，SCR 催化剂的再生与无害化处理技术需要进一步研究与突破
	当前 TRL 级别	根据技术成熟度评价参考准则，评价该项重大突破性技术的 TRL 级别。 TRL 6

<table>
<tr><td colspan="2">重点产业方向名称</td><td colspan="2">柴油机尾气净化产业</td></tr>
<tr><td colspan="2">重大突破性技术名称</td><td colspan="2">选择性催化还原 NO_x 技术（SCR 技术）</td></tr>
<tr><td rowspan="2">制造成熟度评价</td><td>重大突破性技术的制造现状</td><td colspan="2">作为制造成熟度评价依据，简要说明该重大突破性技术的制造现状，包括已经形成的产品状况、实现制造能力、制造环境等。
SCR 系统早已在诸如电厂、船舶等大型柴油机上实用化。对于柴油废气后处理的 SCR 系统，国内已经有小部分企业自主研发且能满足相应的排放法规，如苏州派格力有限公司、安徽艾可兰科技股份有限公司和“无锡凯龙”等至少 10 多家企业具备了生产 SCR 系统设备的能力。SCR 系统目前多选用尿素作为还原剂，是柴油车达到国Ⅳ排放标准的必备产品，且需要定时填充来维持正常工作，中国石化等已具备柴油车尾气处理液 5 L、10 L 和 20 L 三种小包装规格产品的生产能力，但尿素的使用寿命及定时填充的可操作性尚待进一步验证，对于寿命更长、更易操作的催化剂的迫切需求依然存在</td></tr>
<tr><td>当前 MRL 级别</td><td colspan="2">根据制造成熟度评价参考准则，评价该项重大突破性技术的 MRL 级别。
MRL _7_</td></tr>
<tr><td rowspan="7">市场成熟度评价</td><td>市场现状</td><td colspan="2">简要说明该重大突破性技术所形成产品的市场现状，包括市场规模、市场结构、市场潜力等。
重型柴油车国Ⅳ排放标准从 2015 年 1 月 1 日开始实施，随着国Ⅳ排放标准的实施，柴油车尾气后处理系统将迎来飞跃发展。柴油车占机动车总量的 15.2%，氮氧化物和颗粒物（PM）排放量分别占汽车排放总量的 70%和超过 90%。柴油汽车尾气净化产业潜力巨大。目前，欧洲汽车排放后处理产业约有 800 亿元的产值。以我国汽车保有量来推算，实施国Ⅳ标准后，排放的后处理产业将产生上千亿元的市场份额。我国汽车工业协会有关人士说，“柴油发动机排放后处理的利润十分丰厚，受到跨国公司的重视。”
国内 SCR 后处理系统企业间竞争加剧，目前来说，国内已经有小部分企业自主研发的 SCR 系统已经能满足相应的排放法规，但产品的耐久性还需要时间的考验，稳定性有待加强</td></tr>
<tr><td rowspan="2">市场规模</td><td>市场收入</td><td>□前期投入大，市场收入规模小（MML1）
√收入规模增加，实现盈利（MML2）
□收入利润规模稳定（MML3）</td></tr>
<tr><td>从业人员</td><td>□以研发人员为主，但生产和销售人员开始增加（MML1）
√以生产和销售人员为主，生产销售人员大幅增加（MML2）
□从业人员数量和结构趋于稳定（MML3）</td></tr>
<tr><td rowspan="2">市场结构</td><td>产业集中度</td><td>□产品处于导入阶段，产品生产销售只集中在少数企业（MML1）
√从事产品生产销售的企业数量大幅增加，产业集中度较低（MML2）
□产业经过并购整合调整，形成了以少数规模大、实力强的企业为龙头的完整产业链（MML3）</td></tr>
<tr><td>市场占有率</td><td>□产品商业应用示范，占有率较低（MML1）
√大规模商业化应用，占有率快速增长（MML2）
□市场供需平衡，占有率高且趋于平稳（MML3）</td></tr>
<tr><td rowspan="2">市场潜力</td><td>产品竞争力</td><td>□产品预期具有较强的竞争力（MML1）
√产品竞争力优势显现（MML2）
□产品竞争力优势明显（MML3）</td></tr>
<tr><td>进入壁垒</td><td>□少数企业掌握核心技术，技术壁垒高（MML1）
√核心技术大规模应用，技术壁垒降低（MML2）
□产业规模经济效应显现，进入壁垒高（MML3）</td></tr>
</table>

重点产业方向名称	柴油机尾气净化产业
重大突破性技术名称	选择性催化还原 NO_x 技术（SCR 技术）
时序预测/a	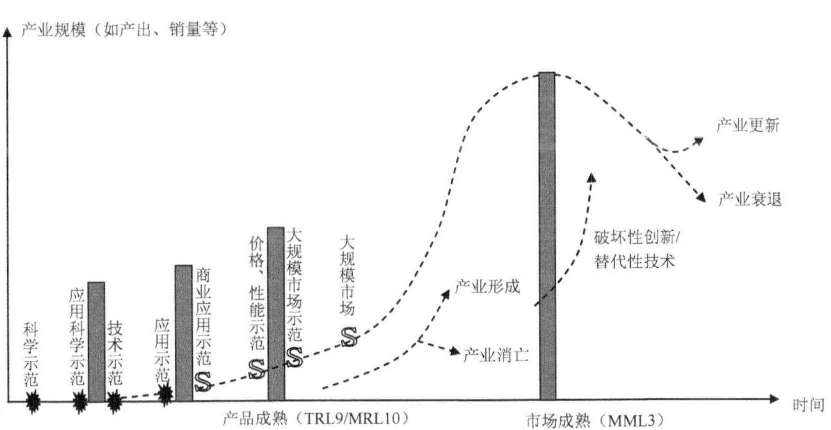 1. 请预测“十三五”时期（2020 年）技术、制造、市场的成熟等级： 技术成熟度（TRL1-9）：6 制造成熟度（MRL1-10）：7 市场成熟度（MML1-3）：2 2. 请预测技术、制造、市场完全成熟的时间点： 技术完全成熟（TRL9）：2020 年 制造完全成熟（MRL10）：2025 年 市场完全成熟（MML3）：2030 年
培育与发展建议	针对技术到产业发展的各个层面，提出有益于自身发展的培育与发展建议。 ①加大投入支持。重点支持国内技术前沿单位，不断推进技术发展，推动这项技术产业化，确保技术系统满足标准要求，同时继续深化，为国Ⅴ标准做准备。 ②尽快完善相应的市场机制。全面遵循优胜劣汰的市场调节法则，激发企业的活力和发展动力，培育拥有自主知识产权、核心能力强的优势企业，积极引导中小型环保企业向专、精、特、新的方向发展。 ③加强监管。特别是国Ⅳ标准及未来的国Ⅴ标准实施后，加强对销售和注册的车辆监管以及现有车辆的核准申报，确保各处理设施的落实，确保使用的车辆满足标准

5.2.3 废旧电子电器拆解利用产业

（1）产业简介

随着社会废旧电子电器产品回收体系的完善，废旧电子电器智能分选与清洁提取技术已在欧美国家和日本的再生资源企业中大规模应用。根据《废物资源化科技工程“十二五”专项规划》，我国已进入电子电器产品的快速更新与淘汰期，2010 年废旧电子电器产品年产生量已达 300 万 t，预计到 2015 年废旧电子电器产生量将超过 600 万 t。相对而言，我国废旧电子电器产品拆解利用技术与装备研究刚刚起步，迫切需要突破大型废旧家电低成本破碎与高效分选一体化装备、小型废旧电子产品贵重金属清洁分离与提取技术、非金属材料高值化利用技术及二次污染控制技术等关键技术与装备，支撑废旧电子电器拆解产业升级。

（2）成熟度评价

对废旧电子电器拆解利用产业的技术成熟度、制造成熟度、产品成熟度、市场成熟度和产业成熟度综合集成评价详见表 5.2-3。通过评价数据显示，技术成熟度较高，制造成熟度（MRL2）和市场成熟度（MML1）都处于较低水平，产业层面整体处于萌生期，亟须整合现在的各类铟回收技术的特点，设计出更为科学、有效的分离技术以实现相关工艺的产业化，同时加强市场推广与产业培育扶持。

表 5.2-3 废旧电子电器拆解利用产业成熟度评价

重点产业方向名称		废旧电子电器拆解利用产业
重大突破性技术名称		废液晶显示器无害化拆解与铟清洁再生回收技术
技术成熟度评价	重大突破性技术的技术现状	作为技术成熟度评价依据，简要说明该重大突破性技术的技术现状，包括该项技术研制的技术产品、达到的功能和性能指标以及试验验证的环境等。 目前废 LCD 中铟的回收提取还处于试验室试验阶段，相关研究才刚刚起步，浸出萃取法回收废弃液晶显示器中的铟是一种具有应用前景的先进技术。相对于铟回收利用的其他方法，如电解法、沉淀法和高温灼烧法等，萃取法运行过程较为温和，产生的其他环境污染较小，与其相关的技术也比较成熟，是目前研究回收铟的主要方法。试验验证使用 PC88A（2-乙基己基膦酸-2 乙基己基醚）、混合无机酸、硫酸、盐酸、聚氯乙烯（PVC）为萃取剂对应的铟的回收率分别为 99.9%、92%、89%、86%和 66.7%，各类萃取剂在相应的试验条件下的浸出率都较高，但试验复杂程度各有不同。使用任何一种萃取剂和方法都存在本身的局限性，因此如何整合现在的各类铟回收技术的特点，设计出更为科学、有效的分离技术是目前的技术瓶颈
	当前 TRL 级别	根据技术成熟度评价参考准则，评价该项重大突破性技术的 TRL 级别。 TRL 3

<table>
<tr><td colspan="2">重点产业方向名称</td><td colspan="2">废旧电子电器拆解利用产业</td></tr>
<tr><td colspan="2">重大突破性技术名称</td><td colspan="2">废液晶显示器无害化拆解与铟清洁再生回收技术</td></tr>
<tr><td rowspan="2">制造成熟度评价</td><td>重大突破性技术的制造现状</td><td colspan="2">作为制造成熟度评价依据，简要说明该重大突破性技术的制造现状，包括已经形成的产品状况、实现制造能力、制造环境等。
对于高品质含铟废料的回收是可以实现工业化，但针对低品质含铟废料的回收，还处在实验室阶段，制造成熟度为 1。中国家用电器研究院与四川长虹电器股份有限公司联合研发废液晶显示器铟回收技术，为国内大量低品质含铟废料寻找一种高效、低成本回收铟的方法，通过该方法，可以实现从废液晶显示器中高效回收铟。随着液晶显示器的大规模生产及报废，废液晶显示器中回收铟的技术将得到产业化应用，从而促进我国废弃电子电器产品回收处理行业的发展</td></tr>
<tr><td>当前 MRL 级别</td><td colspan="2">根据制造成熟度评价参考准则，评价该项重大突破性技术的 MRL 级别。
MRL__1</td></tr>
<tr><td rowspan="7">市场成熟度评价</td><td>市场现状</td><td colspan="2">简要说明该重大突破性技术所形成产品的市场现状，包括市场规模、市场结构、市场潜力等。
由于铟氧化物能形成透明的导电膜等特性，因此，近年来它在铟锡氧化物（ITO）、半导体、低熔点合金等方面得到广泛应用。铟锭因其光渗透性和导电性强，主要用于生产 ITO 靶材（用于生产液晶显示器和平板屏幕），这一用途是铟锭的主要消费领域，占全球铟消费量的 70%。根据工业和信息化部的统计，2011 年，计算机显示器产量达到 1.17 亿台，其中，以液晶显示器为主。彩色电视机产量为 1.09 亿台，其中 79%为平板电视。废液晶显示器的报废量快速增加，随着国家大力倡导资源循环利用，废液晶显示器无害化拆解与铟清洁再生回收技术具有很大市场前景</td></tr>
<tr><td rowspan="2">市场规模</td><td>市场收入</td><td>■前期投入大，市场收入规模小（MML1）
□收入规模增加，实现盈利（MML2）
□收入利润规模稳定（MML3）</td></tr>
<tr><td>从业人员</td><td>■以研发人员为主，但生产和销售人员开始增加（MML1）
□以生产和销售人员为主，生产销售人员大幅增加（MML2）
□从业人员数量和结构趋于稳定（MML3）</td></tr>
<tr><td rowspan="2">市场结构</td><td>产业集中度</td><td>■产品处于导入阶段，产品生产销售只集中在少数企业（MML1）
□从事产品生产销售的企业数量大幅增加，产业集中度较低（MML2）
□产业经过并购整合调整，形成了以少数规模大、实力强的企业为龙头的完整产业链（MML3）</td></tr>
<tr><td>市场占有率</td><td>■产品商业应用示范，占有率较低（MML1）
□大规模商业化应用，占有率快速增长（MML2）
□市场供需平衡，占有率高且趋于平稳（MML3）</td></tr>
<tr><td rowspan="2">市场潜力</td><td>产品竞争力</td><td>■产品预期具有较强的竞争力（MML1）
□产品竞争力优势显现（MML2）
□产品竞争力优势明显（MML3）</td></tr>
<tr><td>进入壁垒</td><td>■少数企业掌握核心技术，技术壁垒高（MML1）
□核心技术大规模应用，技术壁垒降低（MML2）
□产业规模经济效应显现，进入壁垒高（MML3）</td></tr>
</table>

重点产业方向名称	废旧电子电器拆解利用产业
重大突破性技术名称	废液晶显示器无害化拆解与铟清洁再生回收技术
时序预测/a	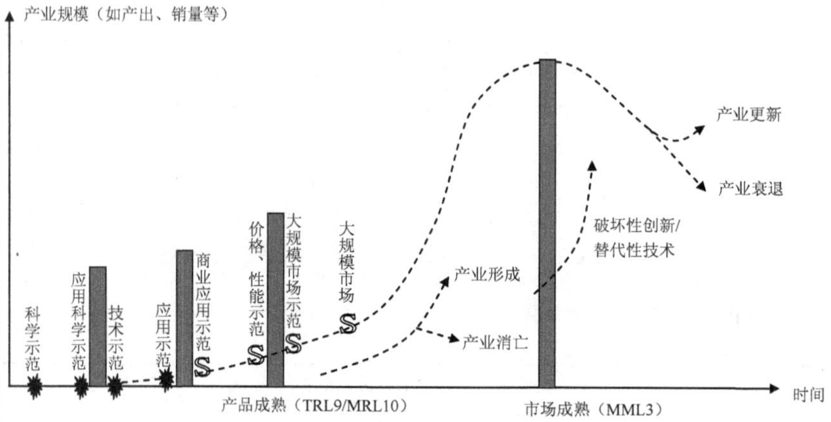 产业规模（如产出、销量等） 产业更新 产业衰退 破坏性创新/替代性技术 产业形成 产业消亡 科学示范　应用科学示范　技术示范　应用示范　商业应用示范　价格、性能示范　大规模市场示范　大规模市场 产品成熟（TRL9/MRL10）　市场成熟（MML3）　时间 1.请预测“十三五”时期（2020 年）技术、制造、市场的成熟等级： 技术成熟度（TRL1-9）：8 制造成熟度（MRL1-10）：2 市场成熟度（MML1-3）：1 2.请预测技术、制造、市场完全成熟的时间点： 技术完全成熟（TRL9）：2025 年 制造完全成熟（MRL10）：2030 年 市场完全成熟（MML3）：2035 年
培育与发展建议	针对技术到产业发展的各个层面，提出有益于自身发展的培育与发展建议。 ①目前现有的铟回收方法都存在局限性，迫切需要整合现在的各类铟回收技术的特点，设计出更为科学、有效的分离技术并实现相关工艺的产业化，实现 LCD 中铟的回收资源化。 ②废液晶显示器回收铟技术中不可避免地使用了大量酸和有机溶剂，随着铟回收行业的深入发展，下一步应提出铟回收的资源综合利用与污染预防的相关技术规范，为行业管理提供技术支撑。 ③加大资金的投入和政策扶持，鼓励科研院所与铟回收利用企业建立产学研合作，推动废液晶显示器无害化拆解与铟清洁再生回收技术加快产业化发展

6 我国环保产业发展的路线图研究

6.1 总体发展趋势分析研判

（1）在国民经济支柱产业的战略导向下，政府投资将更加倾斜，产业仍将呈现高速增长态势

发展节能环保产业是我国转变发展方式、调整经济结构的必然选择。同时，也是我国在新一轮的全球经济增长中占据有利地位的新的增长点，政府将节能环保产业作为重点培育和发展的七大战略性新兴产业之一，并将其培育成国民经济的支柱产业，不断加大投资。“十二五”时期前 4 年，环境治理总投资由 2010 年的 7 612.2 亿元，增加至 2014 年的 9 575.5 亿元，占 GDP 的 1.51%，与发达国家高峰时期占 GDP 2.5%～3%的比例还有较大提升空间，1991—2014 年环境污染治理投资及占 GDP 的比重趋势见图 6.1-1。“十三五”期间，政府投资力度会更大，预计环保总投资将超 17 万亿元，是“十二五”时期的两倍以上，其中“水十条”将带来 5 万亿元投资，“大气十条”拉动 1.7 万亿元投资，“土十条”的发布预计将带动 5.7 万亿元以上的投资，三大行动计划总投资将超过 12.4 万亿元[110]。

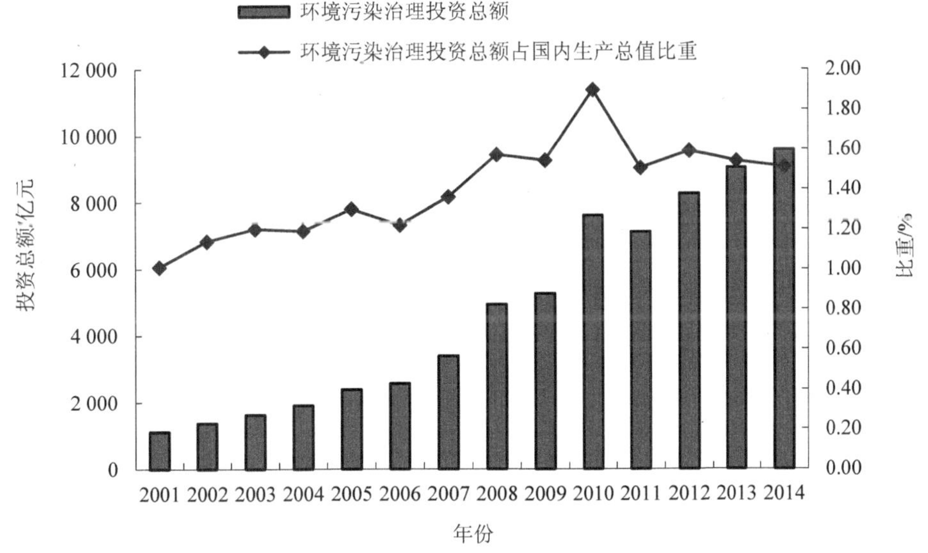

图 6.1-1 1991—2014 环境污染治理投资及占 GDP 的比重

在政策的强力推动下，未来5～10年环保产业将继续保持猛增态势，出现大规模增长，预计环保产业产值将保持年均15%左右的增长率，到2020年产值将超过8万亿元。

（2）产业结构将由以装备制造为主，重点向高端装备制造和服务业并重升级

制造业直接体现一个国家的生产力水平，往往占据国民经济的重要份额。在“十三五”规划产业结构优化调整中，制造业是整个优化过程的重点。2014年，我国装备制造业产值规模突破20万亿元，占全球装备制造业的1/3，稳居世界第一，其中环保装备制造业以平均20%的增速稳定发展，2014年产值规模在5 000亿元左右，2016年达到6 200亿元，在整个装备制造业中的比率越来越大，规划到2020年突破10 000亿元。

此前，为了落实《“十二五”国家战略新兴产业发展规划》，加快提升我国环保技术装备发展，环保部、国家发展改革委及工信部等五部委制定了《重大环保技术装备与产品产业化工程实施方案》。方案提出，到2016年，环保技术装备水平在基本保障二氧化硫、氮氧化物、化学需氧量、氨氮四项约束性指标减排的基础上，针对危害大、影响面广的雾霾、水污染和重金属污染等突出环境问题，重点开发推广一批急需的技术装备和产品，完善技术创新体系，提升创新能力，突破一批关键共性环保技术，推动先进成熟技术产业化应用和推广。可以看出，环保装备制造未来将以高端制造为主，成为“中国制造2025”一支不可或缺的重大力量。

另外，随着污染减排工作的日益深入以及环保要求的不断提高，污染物控制的类别越来越广泛，排放标准也日趋严格，企业自身的能力已难以保证污染物的稳定达标排放，而专业化运营服务是解决之道。环境服务业是环保产业的排头兵，“十三五”期间预计将保持20%左右的增长率，到2020年产值将超过2.7万亿元，在环保产业中的占比进一步增加。过去环保产业进行污染治理，大量污染治理设施从无到有，是以装备制造为主，随着发展，重点向高端装备制造和环境服务业并重升级转移。

（3）产品向标准化、成套化、智能化方向发展

环保产业涉及国民经济的多个领域，随着国家对节能减排的高度重视，重点用能产品能效标准、重点行业能耗限额标准、污染物排放标准等标准体系的建立健全，将直接引导环保产品的发展，使之标准化。环保技术将与信息技术相融合，将利用无线通信技术、物联网等建立环境监控信息系统，并与3D打印技术结合，发展环保装备制造业和建筑业；将进一步向节能和污染减排的协同控制技术发展，重点发展环保设施节能技术、高效节能多污染物协同控制技术等。

各处理技术与设备更加强调高效和成套化、一体化。如重点开发高效除尘技术，控制细颗粒物，包括新式静电除尘和电袋复合除尘技术等；烟气脱硝技术及催化剂；柴油机尾气净化；脱硫技术实现成套国产化；膜技术；生物脱氮；污水处理一体化等。

更加强调高附加值、高提取率、高利用率的技术设备。如有价元素提纯等资源化、高

附加值再生橡胶、塑料成套设备、尚未规模化的大宗工业固体废物综合利用、高利用率的再制造技术设备等。

（4）服务业将从以往单一要素、单一环节的服务为主，向综合服务业发展

随着环保产业的战略地位日益提高，环保标准日趋严格，下游服务对象往往要求“一体化”“一站式”服务，需要有一个“集成商”整合产业链，包括经销商、施工单位、直线服务提供商、第三方机构、总承包分包商、集成商等。目前，为了向环境服务购买者提供全方位的综合环境服务，有的地方在环保产业协会的协调组织下，或者由若干环境服务企业自发组织成为“环境服务联盟”，向环境服务购买者提供“一揽子”的综合环境服务方案，帮助解决各类环境问题。这样，这些环保服务企业就由过去的相互竞争者变成了互相配合支持、共享市场的合作者，避免了环保市场的恶性竞争。

在新的需求下，“集成商”参与模式下的产业链上、下游得到延伸。环保服务业将从以往单一要素、单一环节的服务逐步发展为综合环保服务业，其作为整合环保产业全产业链发展的龙头，将在跨越式发展的同时不断提高行业集中度。综合环境服务商作为项目的总承方，可以通过对项目的结构优化，实现成本节约，获得更高利润。特别是未来的治理需求将从点源转向面源，从一次污染防治走向二次污染防治，从单个污染物控制走向多污染物协同控制，环保的需求将是全方位的，将催生出市政、工业、生态修复、河道治理、景观建设等一体化打包解决能力的环境服务商，一些面向保护人体健康的环境保护产业也将逐渐兴起。

（5）第三方治理、环境服务价格改革等推动产业市场化步伐加速，行业机制和模式将发生根本性改变

“十二五”中后期，国家全面启动环保产业市场化。十八届三中全会对生态文明制度体系建设的部署中明确提出“要建立吸引社会资本投入生态环境保护的市场化机制，推行环境污染第三方治理”之后，《关于创新重点领域投融资机制鼓励社会投资的指导意见》《关于进一步推进排污权有偿使用和交易试点工作的指导意见》《环境保护税法》（环征求意见稿）、《关于推进价格机制改革的若干意见》等一系列市场化措施出台。

“环境污染第三方治理”的核心是进行专业化分工，污染治理从“谁污染、谁治理”转变为“谁污染、谁付费、第三方治理”。第三方治理将专业化、资质齐全的环境污染治理企业以市场化方式引入环境污染治理领域，可以使污染治理相对集中，减少环保基础设施的重复投资，降低治理成本，同时权责明晰，便于环保部门的监管。环境税是通过税收手段将环境污染和生态破坏的社会成本内部化到生产成本和市场价格中去，再通过市场机制分配环境资源的一种经济手段。排污权交易正在逐渐完善、环境税呼之欲出、合同环境管理、PPP 模式、第三方治理等新业态的推行，使得行业机制和模式正在发生根本性转变。

（6）环境监测和垃圾回收成为环保互联网最佳入口，促进产业转型升级

2015 年 7 月，国务院印发《关于积极推进“互联网+”行动的指导意见》，指出推动互联网与生态文明建设深度融合，完善污染物监测及信息发布系统，实现生态环境数据互联互通和共放共享。充分发挥互联网在逆向物流回收体系中的平台作用，促进再生资源交易利用便捷化、互动化和透明化。意见为未来节能环保产业如何与互联网相融合指明方向。未来环境监测和垃圾分类回收产业将成为环保互联网的最佳入口，实现产业转型。

目前，各地环保部门正积极建设环境信息数据中心，通过信息化建设推动跨地域、跨部门的信息互动和资源共享。通过对雾霾、扬尘、机动车尾气、地下水水位等多项指标的在线监测，推进区域大气环境评估预警、饮用水源风险预估、网络化全过程监管执法等环境管理措施。同时，一些具有创新型商业模式的资源回收与利用企业不断出现，国内多家公司开始用移动互联网技术提供社区垃圾分类或回收服务，网络上公开已经运营的产品有上海的“绿色账户”，杭州的“收废品”，北京有多家产品如“再生活”“易废宝”“美一点”，天津的“回收哥”等，企业通过手机 APP 模式回收废旧物品。

环保产业与互联网可能会全方位结合，将会对现有的技术路线、商业模式、管理方式进行调整，将来从工艺路线、工艺参数到设备，都将与互联网发生紧密联系。长远来看，“互联网+”可能使环保产业发生颠覆性变化。

（7）社会资本大量进入节能环保领域，行业内整合并购和非环保企业跨界整合趋势显著，将迎来大环保集团的新格局

在环境质量目标大背景下，一系列推动环保产业发展的政策陆续出台，使环保产业成为经济结构转型时期的新宠，环保公司盈利将持续增长，吸引大量社会资本进入环保行业。

环保行业的整合趋势在 2013 年已开始显现，2014 年在加速。根据对上市公司环保资产整合的统计，截至 2014 年 11 月底，环保行业并购项目就有 47 个，总资金规模超过 190 亿元，而 2012 年和 2013 年涉及环保公司的并购项目分别为 17 个和 39 个，资金规模分别只有 12 亿元和 155 亿元，可以显著看出行业并购在加速，市场在集聚[111]。

非环保企业的跨界收购也大量涌现，达总资金规模的 25%[111]。仅 2015 年一年，中石化节能环保工程科技有限公司日前在湖北武汉正式揭牌成立，自此中石化旗下拥有了首家节能环保方面的子公司；中国中铁四局集团南京分公司非铁路营销斩获南京市江宁南区污水处理厂一期工程，公司首次进入国内污水处理市场；徐工机械公告称，公司拟出资 10 000 万元人民币设立徐州徐工环境技术有限公司，进军环保行业；北京国电富通进入火电厂湿式静电除尘器服务行列；华鼎股份拟投资主要从事水环境保护和治理业务的北京环球中科水务科技有限公司。

预计未来几年，环保行业并购潮将持续火热，而未来环保行业领导企业的发展目标很可能是从单一向全产业链发展，成为综合性巨头企业。

（8）产业“走出去”已具备一定基础，“一带一路”将为环保国际合作带来新的机遇，推动其走向国际市场

面对环保市场的全球化发展和国内环保基础设施建设市场趋于饱和的态势，越来越多的环保企业随之调整发展战略，将目光投向国际市场。商务部、生态环境部等部门提出实施战略性新兴行业企业“走出去”战略，2014 年“两会”政府工作报告提出，开创高水平对外开放新局面。统筹多双边和区域开放合作。推动服务贸易协定、政府采购协定、信息技术协定等谈判，加快环保、电子商务等新议题谈判，国家战略定位使我国环保产业具备“走出去”的政策条件。同时，我国环保产业发展已初具规模，众多拥有自主品牌、核心技术及知识产权技术装备的大型环保企业已积累了丰富的建设运营经验，使得我国环保产业已经具备了“走出去”的硬件条件。北京桑德环境、北控水务、福建龙净、杭州新世纪等骨干环保企业，已获得了多个海外环保项目订单，开拓了东南亚、南亚、中东、非洲、南美等多个国家市场[112]。

目前，“一带一路”环保产业“走出去”已经初步实现。以宜兴为例，宜兴凌志环保是当地对外总承包“大户”，2006 年就开始承接国际化业务，企业已在越南、印度等多个国家申请到了专利。宜兴新纪元环保是行业内的“技术咖”，每年承接业务的 60%是研发新技术装备，为国内外上市环保公司配套服务，出口业务遍及巴基斯坦、印尼等多个国家，已拥有 10 多项水处理装备技术发明专利和新纪元环保品牌。同时宜兴环保产业园于 2015 年 8 月带领 30 多家企业赴印尼开展技术交流对接会。通过政策引导、平台搭建等举措，环保国际化步伐加快，由宜兴环保产业园主导的中国东盟环保技术和产业合作示范基地项目、北控环保装备产业基地项目等已正式启动。“未来将借助这些载体平台，对接国外资源，以环保产业集团、环境医院为首开展对外承包，企业可依据自己的特长实现‘走出去’”。

随着“一带一路”倡仪的实施，我国环保产业“走出去”面向国际市场迎来重大发展机遇。

6.2 市场需求分析

（1）我国“十三五”时期经济社会发展的重大战略部署对发展环保产业的需求

党的十八大以来，党中央、国务院把生态文明建设和生态环境保护摆在更加重要的战略位置。习近平总书记多次强调，“绿水青山就是金山银山”“像保护眼睛一样保护生态环境，像对待生命一样对待生态环境”。李克强总理指出，“加大环境治理力度，下决心走出一条经济发展和环境改善双赢之路”。2015 年 9 月正式发布《生态文明体制改革总体方案》，这是生态文明领域改革的顶层设计。生态文明建设将是“十三五”规划的一个重点方向。强调社会经济发展必须建立在资源高效循环利用、生态环境严格保护的基础上，发展必须是绿色发

展、循环发展、低碳发展。国家对生态文明建设的新要求、对生态环境保护的重视，为环保产业的发展提供了良好的契机。2016 年 3 月 17 日，《中华人民共和国经济和社会发展第十三个五年规划纲要》明确提出到 2020 年，单位 GDP 能源消耗比 2015 年降低 15%，地级及以上城市空气质量优良天数比例大于 80%，主要污染物 COD 和氨氮排放比 2015 年下降 10%，SO_2 和 NO_x 排放比 2015 年下降了 15%。我国实施污染物总量控制已多年，随着节能减排各项工程的不断推动，后期减排压力将迅速提升。2016 年 11 月，发布《"十三五"生态环境保护规划》，突出绿色发展，强化生态空间管控，形成绿色发展布局；突出推进供给侧结构性改革，强化环境硬约束；突出绿色科技创新引领，推进绿色化与创新驱动的深度融合；突出落实国家重大战略，强化京津冀区域环境协同保护、长江经济带"共抓大保护"，深入推进"一带一路"绿色化建设，为环保产业的整体发展和布局提供了主要思路。

（2）创新型强国对发展环保产业的需求

当前，我国面临着经济社会发展与环境保护的双重压力。发达国家上百年发展过程中经历的环境问题在我国呈集中式、爆发式出现。资源约束趋紧，环境污染严重，生态系统退化的形势严峻，在进入环境集中治理的攻坚阶段，国家对环境科技的需求已经到了前所未有的迫切程度。我国环保产业已基本形成领域覆盖全面、产业链较为完整的产业体系，但前沿技术研发与转化不足，先进环保技术装备的市场占有率偏低。2016 年 5 月，《国家创新驱动发展战略纲要》提出了要"发展资源高效利用和生态环保技术，建设资源节约型和环境友好型社会"。同时，明确了主要任务："发展污染治理和资源循环利用的技术与产业；建立大气重污染天气预警分析技术体系；发展绿色再制造和资源循环利用产业等。完善环境技术管理体系，加强水、大气和土壤污染防治及危险废物处理处置、环境监测与环境应急技术研发应用，提高环境承载能力。"

2016 年 7 月 28 日，国务院发布了《"十三五"国家科技创新规划》，提出要"加强关键核心共性技术研发和转化应用；充分发挥科技创新在培育发展战略性新兴产业、促进经济提质增效升级……中的重要作用"，并在国家科技重大专项中继续"水体污染控制与治理"，明确要在"水循环系统修复"等重点领域"研发一批核心关键技术，集成一批整装成套的技术和设备……"，在重大科技项目设立了"京津冀环境综合治理"重大工程。同时，在"发展智能绿色服务制造技术"中，明确了要"发展绿色制造技术与产品，重点研究再设计、再制造与再资源化等关键技术"。规划中关于节能环保产业的表述，反映了国家对环保产业的重视以及环保产业对国家科技创新的支撑。

（3）培育经济发展新动能对发展环保产业的需求

我国长期以来资源高度密集的经济增长方式，需要依赖不断增长的资源供给方式来维持，消耗了大量的非可再生资源，加剧了环境污染和生态破坏。"十三五"时期我国经济从高速增长转为中高速增长，进入"新常态"，经济发展更多强调"好"和"稳"，产业结构进入转型升级的关键时期，经济增长方式由粗放向可持续转变。在结构调整中需要淘汰落后、过剩产能和高污染、高耗能产品，培育接续产业，形成新的经济增长点。目前，环保产业在我国经济中的比重越来越高。现阶段以及未来，我国环保产业潜力巨大，市场对环保产品和资源循环利用的需求比较大，如目前我国高效电机市场占有率还不足10%。环保产业的发展可以带动上、下游相关产业发展，起到稳增长的作用，在资源环境约束下，环保产业成为我国经济新常态下的增长点和推动供给侧改革的重要动能，对我国经济增长和产业结构调整、转型的作用日益加大。

（4）全面建成小康社会对发展环保产业的需求

良好生态环境是提升人民生活质量的重要内容，是全面建成小康社会的应有之义。当前，我国经济总量和增量仍在持续上升，污染物新增量依然处于高位，由此带来的环境压力仍然十分巨大，生态环境已成为全面建成小康社会的突出“短板”。特别是近年来我国多地雾霾天气频发，再次成为大众热议的焦点。为遏制愈加严重的雾霾天气，2015年年底环境保护部等三部委发布《全面实施燃煤电厂超低排放和节能改造工作方案》，提出到2020年全国所有具备改造条件的燃煤电厂力争实现超低排放。此外，鉴于VOCs在雾霾天气中的重要影响，以及北京、深圳等城市在治理VOCs方面的先行先试，环境保护部在“十三五”期间把VOCs排放总量也纳入控制指标中，并于2016年印发《“十三五”挥发性有机物污染防治工作方案》。作为仍处在工业化进程中的发展中国家，亟须在经济发展与生态环境保护之间找到平衡，把经济建设与生态文明建设有机融合起来，让良好生态环境成为全面小康社会普惠的公共产品和民生福祉。

6.3 指导思想

根据近年来国家层面重大政策精神和环保产业的自身特点，研究提出环保产业的指导思想如下：

深入贯彻落实习近平新时代中国特色社会主义思想，坚持人与自然和谐共生基本方略，大力推进生态文明建设，把握战略性新兴产业发展机遇，保持环保产业产值持续稳定增长，逐步提高环保产业在国民经济中的比重；培育一批具有国际竞争力的大型企业集团和国际品牌，掌握大批具有自主知识产权、国际领先水平的环保技术与设备，部分关键性技术达到国际先进水平；基本满足我国持续提高资源利用效率和切实改善环境质量的内在需求，环保产品的市场占有率大幅提高，建成完善的环保产业市场经济体系；注重互联网、大数据等信息产业与环保产业的融合，实现环保产业的互联网化和智能化；引导环保产业“走出去”，扩大国际市场，为我国建设资源节约型和环境友好型社会、实现社会主义生态文明提供重要保障。

6.4 发展目标

研究提出我国环保产业发展的总体目标如下：

大力发展环保产业，促进生态文明建设，实现绿色循环低碳发展。环保产业产值将保持年均增长15%以上的目标，成为我国国民经济支柱产业之一。环保关键技术取得重大突破，掌握一批具有完全自主知识产权的、国际领先水平的环保技术、装备和产品。环保服务业保持年均20%左右的增长速度，合同环境服务和环境污染第三方治理等商业模式发展成熟。环保产业集聚程度进一步提高，建成一批能够有效提升资源能源利用效率的环保产业基地和资源循环利用基地。注重环保产业与互联网等信息产业相融合，实现产品智能化和信息化。培育一批具有国际竞争力的环保大型企业集团，国际市场占有率得到大幅提升，不断开拓国际市场，实现环保产业“走出去”战略。

6.5 发展重点

根据《国务院关于加快培育和发展战略性新兴产业的决定》等文件，兼顾环保产业的行业特征，从先进环保产业、资源循环利用产业和环境服务业3个方向来讨论发展重点。

6.5.1 先进环保产业

（1）发展目标

总体目标：实现产值年均增长保持在15%以上，到2020年产值超过5万亿元；实现一批重大技术突破，掌握一批具有自主知识产权、国际先进水平的环保技术、装备和产品，如水污染防治技术装备成套化和深度处理技术，耐磨损、运行稳定的除尘滤料和特种纤维、在线监测技术等，脱硝催化剂生产取得积极进展，环保装备和产品质量、性能大幅度提高，建成一批具有国际竞争力的企业集团，环保产业健康快速发展，并逐步成为我国国民经济中的重要增长点之一。

近期目标（2020年）：保持产值持续稳定增长，年均增长15%以上，形成一批具有国际竞争力的大型环保企业集团和国际品牌，大部分环保设备与产品均掌握自主知识产权，部分关键共性技术达到国际先进水平，如水污染防治技术装备成套化和深度处理技术，耐磨损、运行稳定的除尘滤料和特种纤维、在线监测技术等，环保产品成为市场消费主流，环境服务业得到健康有序发展，初步建成完善的环保产业发展市场经济体系。

远期目标（2025年）：保持环保产业产值持续稳定增长，掌握大批具有自主知识产权的、国际领先水平的环保技术与设备，如水污染防治的深度处理技术、脱硝技术、在线监测技术等，脱硝催化剂生产逐步实现国产，环保装备和产品质量、性能大幅度提高，基本满足持续改善我国环境质量的内在需求，国际市场占有率得到大幅提升，环保产业成为我国国民经济支柱产业之一。

（2）重点任务

1）水污染防治

大范围推广重金属废水污染防治技术和高浓度难降解有机废水深度处理技术，特别是大型膜分离技术的应用；快速推进新型生物脱氮除磷技术，大力发展高效、低能耗的城市污水处理成套装备和一体化装备（包括脱氮除磷）；加快推进污水处理厂脱氮除磷等升级改造；加大新型无污染水处理药剂、菌种开发与生产；推广农村面源污染治理、畜禽养殖废水处理技术；深化湖泊等水体富营养化控制及修复技术研发与应用；研发和推广地下水水源污染控制与修复技术；深入推进污泥减量化、无害化、资源化处理处置等技术与装备。

产业重点发展方向为大型膜分离设备与工程的推广、污水处理厂脱氮除磷等升级改造和中小城镇污水处理等领域。“十三五”期间，我国废水治理投入预计达到 1.39 万亿元，且《水污染防治行动计划》已经实施，此项计划预计将投入 2 万亿元开展水污染治理，水污染防治产业将受益明显。

2）大气污染防治

重点开发细微颗粒物控制技术，特别是对 $PM_{2.5}$ 的控制，加强颗粒物源解析技术研发和推广，发展新式静电除尘技术设备、电袋复合式除尘技术设备等，同时加强办公、学校和家用的新风系统、空气净化器等室内空气净化装置的研发和推广；推广非电行业烟气脱硫技术与装备，对现有脱硫装备升级改造；研发推广重点行业烟气脱硝技术装备，加速推进燃煤电厂 SCR 脱硝技术、设备和催化剂的国产化；加大开发和应用柴油机尾气净化、汽车尾气高效催化转化等技术与装备；研发与推广工业有机废气，特别是 VOCs 治理技术以及恶臭、重金属和二噁英有毒气体控制技术与设备等；大力发展大气多污染物协同控制技术与装备和大气综合治理技术与装备。

产业发展重点方向为氮氧化物、细颗粒物、大气多污染物协同控制及机动车尾气净化。2013 年发布的《大气污染防治行动计划》，将带来 1.7 万亿元环保市场产值，成为今后一段时期特别是“十三五”期间我国治理大气污染的行动纲领。

3）危险废物处理处置

推广危险废物和医疗废物分类收运和预处理技术和设备，并逐步开展试点示范；研发和推广危险废物鉴别技术与装备；加快推广重点危险废物产生行业和企业的清洁生产技术和设备，开发和应用有利于减少危险废物产生、重金属等消耗量低或者替代技术与设备；加快研发与推广脱硝催化剂再生与回收利用技术与装备；加速发展医疗废物的收集、无害化处理处置技术与设备；统筹推进危险废物焚烧、安全填埋等集中处理处置设施建设；推广实验室废物分类收集、预处理和集中处置系统；推广危险废物污染防治最佳可行技术和最佳环境实践；研发和推广危险废物综合利用技术与设备。

发展重点方向为危险废物综合利用、医疗废物及涉重金属危险废物利用处置。“十三五”期间，医疗废物和危险废物集中处置设施建设将快速发展，危险废物减量化、无害化和资源化水平将大幅度提高。

4）土壤污染修复

研发安全、低成本的原位生物修复（包括植物修复和微生物修复技术）和物化稳定设备；研发和推广土壤-地下水污染系统控制与修复技术与装备；发展安全、针对性强的工业场地快速物化工程修复技术与设备；加快研发重金属、危险化学品、持久性有机污染物、放射源等污染土壤的治理技术与装备；大力发展污染场地修复注射系统、可侦测土壤及地下水污染物的地表智能探测器等土壤污染修复配套技术与设备。

产业重点发展方向为中低污染农田、城近郊区工业污染场地的土壤修复产业。《土壤污染防治行动计划》已于 2016 年印发实施，实施该计划至少需要上万亿元的投入，土壤污染治理与修复产业链将逐步覆盖土壤环境调查、分析测试、风险评估、治理与修复工程设计和施工等环节，形成一批专业化的土壤修复企业。一旦土壤修复市场空间打开，潜力巨大，土壤污染修复市场空间有望在“十三五”时期开启。

5）环境监测

加速推进研发水中氨氮、重金属、氰化物、持久性有机污染物等在线监测仪器，加快研发和生产近海海域潜水式水质毒害物自动监测技术和设备。大力发展细颗粒物监测设备，特别是超细颗粒物的分级采样与在线监测技术与设备，加快其成套设备国产化进程；加快研发大气重金属、温室气体、挥发性和半挥发性有机污染物在线监测技术和设备；研发大气灰霾成套在线监测系统和颗粒污染物时空分布监测技术和设备。大力发展部分特殊的采样设备，包括废气中如二噁英等专用采样设备、在线浓缩快速溶剂萃取仪等。

产业重点发展方向为细颗粒物及灰霾监测、有机污染物在线监测等。预计“十三五”期间，环境监测市场规模增速将与环保产业基本持平，市场前景广阔。

6）环境应急

重点开发环境风险预警、评估与预测通用平台，加大应急平台建设，加快港口危险化学品、油品应急设施建设及设备制造。提高环境安全保障与突发污染事故应急监测技术、便携式水体污染物快速检测仪及毒性污染物快速筛查仪、气体中有机污染物和重金属现场快速分析的便携式技术与装备、有毒有害气体泄漏检测的激光遥测技术与装备、经济高效的环境应急监测车、危险废物特性鉴别专用仪器等。大力发展环境应急处理技术，包括移动式有毒有害污染物水环境污染快速应急处理集成装置、船舶海上溢油应急处置装备、阻截式油水分离及回收装备、移动式快速净水处理设备、典型重金属污染场地的应急处理及快速削减装备、移动式应急医疗废物快速处理装置。大力发展环境应急物资的生产经营和储备，加速研发与应用应急救援人员防护用品。

产业发展的重点方向是环境应急处理处置、应急监测技术与设备和应急物资储备等。政府与社会公众对应急产业存在着巨大的潜在需求，市场前景广阔。

（3）发展路线图

我国先进环保产业发展路线见图 6.5-1。

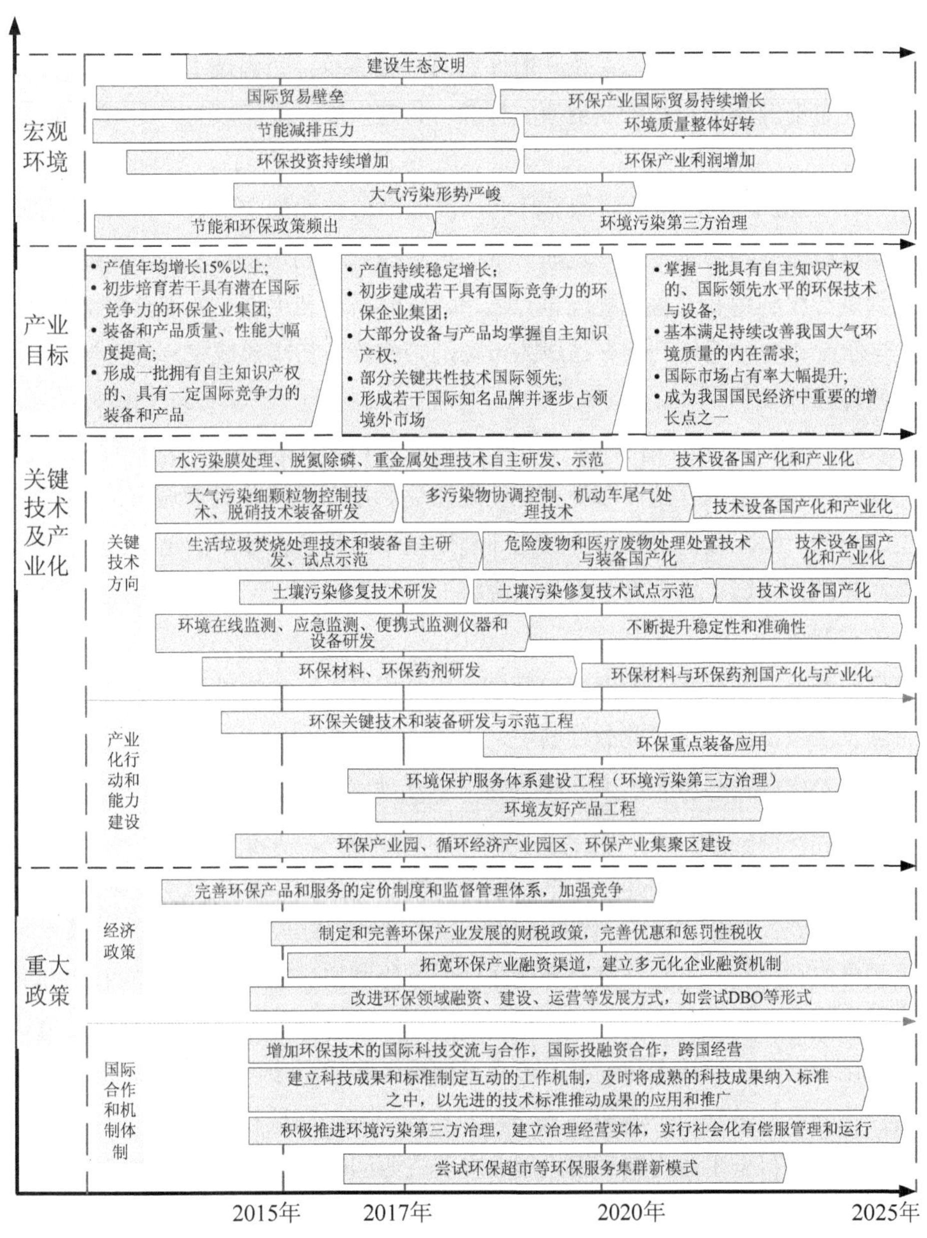

图 6.5-1 先进环保产业发展路线

6.5.2 资源循环利用产业

（1）发展目标

总体目标：资源循环利用产业保持稳定快速增长，实现产值年均增长保持在15%以上，突破关键性技术如废旧电子废弃物提取有价元素技术、低成本海水淡化技术等；形成高值化的资源循环利用产品体系，产品市场占有率大幅提高；培育一批技术领先、产品附加值高、市场前景好的龙头企业；建设“城市矿产”基地、再制造产业基地等推动产业聚集发展；完善再生资源回收利用体系，建立旧件逆向回收体系，完善技术标准规范与产品认证体系，全面促进资源循环利用产业健康、持续、稳定发展，逐步成为我国国民经济重要增长点。

近期目标（2020年）：保持资源循环利用产业产值持续稳定增长，扩大国家循环经济示范点和国家级循环经济示范区，建成一批矿产资源综合利用示范基地、再制造聚集区和餐厨废弃物资源化利用和无害化处理试点城市，资源循环利用产业的部分关键共性技术达到国际先进水平，资源循环利用产品成为市场消费主流，初步建成完善的资源循环利用产业发展市场经济体系。

远期目标（2025年）：深化国家循环经济示范点和国家级循环经济示范区的建设，推广矿产资源综合利用示范基地和餐厨废弃物资源化利用和无害化处理城市，掌握大批具有自主知识产权的、国际领先水平的资源循环利用技术与设备，基本满足持续改善我国环境质量的内在需求，国际市场占有率得到大幅提升。

（2）重点任务

资源循环利用产业要大力发展资源回收利用技术装备，加速推进产业化，提高资源产出率；重点发展城镇生活垃圾资源化利用、再生资源回收利用、工业固体废物综合利用、再制造、矿产资源综合利用和水资源综合利用。各领域重点任务如下：

1）再生资源回收利用

完善再生资源回收体系的建设，推动再生资源回收利用产业规范化、规模化和产业化发展。废旧金属重点突破专业化、智能化分选拆解、清洁冶炼及二次污染控制技术与装备，开发高品质再生利用产品，支撑废旧金属保级或升级利用。电子电器以“四机一脑”以及废手机、小家电等为重点，在拆解、分类基础上，集成优化稀贵金属提取、有色金属再生、废塑料高值化利用等关键技术与设备，形成系列装备和成套技术。废旧高分子材料主要开发清洁高效的分值分级利用技术和高效分离、复合改性、高端材料制备关键技术与装备，实现废旧高分子材料全生命周期利用。鼓励废旧资源回收加工利用企业集聚发展，延伸产业链，加快培育再生资源龙头企业，鼓励通过兼并、重组、联营等方式，加快行业整合力度，提高产业集中度。

2）城镇生活垃圾资源化利用

重点突破生活垃圾分类回收、均质预处理、有机垃圾厌氧消化、填埋气体提纯与燃气利用、垃圾高效能源转化及二次污染控制等关键技术与装备，继续推进水泥窑无害化协同处置和资源化利用生活垃圾。加快餐厨废弃物资源化利用技术研发，大力推进餐厨垃圾源头油水分离与在线监控技术，在开展高效制沼气与提纯净化的同时，加快发展利用餐厨垃圾生产饲料、餐厨废油催化制备生物柴油深加工等技术与装备，开展餐厨废弃物和其他有机可降解垃圾联合处理。加快研制标准化、系列化、智能化的生活垃圾处理与能源化装备及安全控制系统。

3）产业固体废物综合利用

重点发展煤矸石、粉煤灰、冶炼渣、工业副产石膏和赤泥等工业固体废物综合利用，重点突破废物中多种组分梯级提取与高值利用，以及建材中规模化消纳关键技术，研发废物多产业循环利用技术模式，发展毒害性物质控制技术与装备，形成规模化与资源化利用集成技术体系，提高资源化产品市场效益，提高各类废物的综合利用率，特别是赤泥、有色冶炼废渣等利用率较低的固体废物。培育和扶持固体废物综合利用专业化、现代化企业和资源综合利用企业集群。针对废混凝土、废砖瓦、建筑渣土等建筑垃圾，重点突破建筑废物分类与再生、资源化利用，以及再生混凝土高性能化等关键技术，目前我国建筑垃圾利用率仅 5%，欧盟国家达到 50%，韩国、日本已经达到 97%左右，应努力提升我国建筑垃圾利用率。

4）再制造

重点发展大型装备、汽车与工程机械等废旧机电产品及零部件的再制造，积极推动淘汰或达到使用寿命的零部件通过再制造达到新产品标准，使用到新产品上，突破废旧及机电产品核心零部件再制造技术和设备。重点研发废旧发动机解体技术，先进表面预处理技术，缺陷、疲劳和损伤部件测评技术，以及等离子、激光熔覆、热喷涂等先进表面工程技术和后加工技术，提升再制造技术装备水平，实现规模化、产业化。探索航空发动机、汽轮机再制造技术。实施生产者责任延伸制度，建立再制造产品质量保障体系和销售体系，促进再制造产品生产与售后服务一体化。建立再制造旧件回收、产品营销、溯源等信息化管理系统和旧件逆向回收体系。

5）矿产资源综合利用

重点在能源矿产、金属矿产和非金属矿产三大领域开展矿产资源综合利用工作。重点研发尾矿金属梯级提取技术，提高尾矿中有价组分回收利用总量。加快研发伴生非金属资源制备高强度结构材料技术，提高非金属资源利用效率及利用总量。推进新型尾矿充填胶结材料制备及采空区充填技术，完善尾矿制备耐火和保温材料技术，实现大规模制造水泥等建筑材料，产业化水平提升。开展特色废物资源原位协同利用技术、多产业链接共生利用技术等研发，形成大型资源基地废物多产业循环利用技术集成示范与模式。

6）水资源综合利用

加快技术进步，提高矿井水利用技术装备水平，为矿井水利用规模化、产业化、信息化发展奠定基础。支持高矿化度水的资源化利用，推进高矿化度水利用技术与装备研发与升级，扩大再生水的应用。推广废水深度处理技术，提升废水重复利用率。加大共性海水淡化技术以及电水联产海水淡化模式的推广力度，推动海水淡化技术创新和装备升级，降低海水淡化成本，培育一批集研发、生产、集成和服务于一体的海水淡化产业基地。污泥资源化方面，重点突破污泥低成本干化预处理、多产业协同处理、高效厌氧消化、生物质能回收、有机质资源化利用、热解能源回收、二次污染控制等技术与设备，强化技术集成，建立完整的污泥处置与能源化技术创新链，大幅度提高污泥资源化利用率，降低建设运行成本。

（3）发展路线图

资源循环利用产业发展路线图包括了市场宏观环境、产业目标、关键技术及产业化和重大政策四大部分，具体见图 6.5-2。

6.5.3 环境服务业

（1）发展目标

培育环境服务龙头企业，以实现环境服务企业的规模化、品牌化、网络化经营；推广应用合同能源管理、环保超市等，探索发展新的环境服务模式，逐步实现全产业链、体系化服务；实现环境服务业稳步发展，产值年均增长速度达到 20%～30%，环境服务业占环保产业的比重在 30%以上，逐步接近发达国家水平。

（2）重点任务

开展环境污染第三方治理，推进环境保护设施的专业化、社会化运营服务，形成专业化的系统服务外包市场，推进社会化运营和特许经营，尝试开展合同环境服务等新模式。大力发展环境咨询服务业，重点开展环境战略、环境技术评价、环保核查、环境标志认证、环境污染损害评估、环境审计、环保培训、环境贸易等咨询服务。大力发展环境交易、环境技术超市等第三方中介机构。加快环境金融服务，逐步实现环保产业与金融业的有机结合。逐步推进环境监测服务社会化，鼓励社会监测机构提供面向政府、企业及个人的环境监测与检测服务。大力提升综合环境服务的能力，鼓励环保企业提供系统环境解决方案和综合服务。

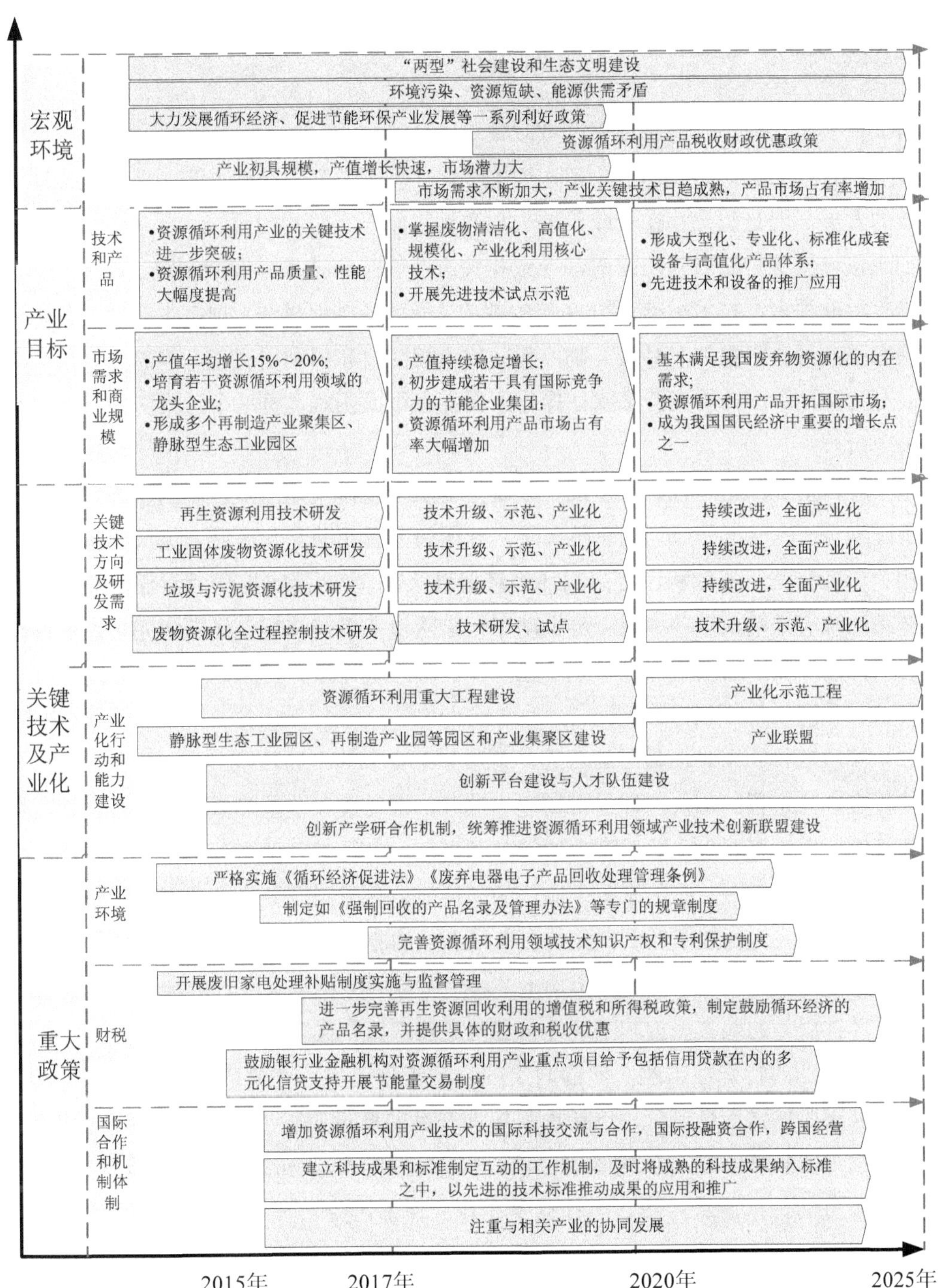

图 6.5-2 资源循环利用产业发展路线

6.6 政策建议

（1）落实顶层设计，完善环保产业政策

“十二五”时期以来，我国陆续制定出台了一系列法律法规和政策，极大地推动了环保产业的发展，但是仍然存在着政策缺失和政策机制不完善的问题。

如土壤环境保护法的立法缺失，导致相关产业政策和技术标准的制定工作受到影响，土壤修复行业很多无技术标准。2009 年生效的《循环经济促进法》规定生产者对其生产的列入国家强制回收名录的产品废弃物、包装物承担回收和再利用责任，但这一名录至今未出台；对轮胎翻新产业的支持条款在操作层面存在很大困难。机动车污染防治条例等法规迟迟未出台。

基于环保产业的特殊性，政策设计和制定要从全生命周期出发。根据生态文明建设方案和国民经济“十三五”规划的总体部署，并尽快出台相关配套措施。加快土壤环境保护及其相关产业立法；修改和完善《循环经济促进法》，全面落实生产者责任延伸制，扩大再生产品的政府采购范围；尽快出台机动车污染防治条例等法规。建立和完善产业标准体系，包括构建环保产品质量标准体系，建立环保产业统计核算体系，逐步提高重点行业清洁生产水平和污染物排放标准等。

（2）简政放权的同时加强市场监管，营造公平竞争的市场环境

随着市场化进程的加快，环保市场逐步放开，市场进入壁垒降低，但是与之相应配套的管理机制还不完善。由于缺乏有效的管理和规范，市场竞争秩序混乱，低价低质恶性竞争的现象还比较严重，一些国家明令淘汰的高耗能、高污染设备仍在使用；污染治理设施重建设、轻管理，运行效率低。例如，在市场利益的驱动下，垃圾焚烧企业低价竞标、恶性竞争现象普遍存在。在环境服务市场上，环评中介服务机构及环评师挂靠已成为行业的潜规则，环评服务的地方保护和垄断经营等问题已严重扰乱环评市场。

从环保产业的特殊性出发，厘清政府的宏观管理边界，在简政放权、减少行政干预的同时，重点要加强市场监管。包括加强环保产品的质量监管力度，强化标准标识管理，出台相应的产品检测方法与机构管理办法，形成有效的产品标准体系以及质量检测体系；加强环境服务的价格监管，防止恶性竞争；在环保部污染治理运行设施许可等多项审批和上市公司环保核查取消后，加强对市场的监管，突出行业管理；建立完善、公平、透明的市场规则体系，规范环保市场秩序，严格执法监督，制定违规处罚机制，形成反向约束。

（3）加大财税支持力度，发挥政府资金的引导作用

近年来，中央财政大力投资环保产业，并从价格、税收等方面大力扶持环保产业发展，

发挥了积极作用。但现有财政和税收政策还是零星的、不系统的，优惠范围和力度还远远不够，而且有些政策恰恰对环保产业起到了抑制作用。过去政府建的污水处理厂、垃圾处理厂免征土地税和房产税，但公用事业市场化之后，又开始征收；再生产品与原生产品使用同一税率计算进项税额，税负较高，难以起到鼓励生产和消费再生产品的效果；营业税几乎没有针对环境保护的优惠政策；环保产品及环境监测、环境评估、机动车排气检测等服务的定价尚未制度化，阻碍了环保服务专业化、产业化发展。

鉴于我国环保产业目前所处的发展阶段，仍需继续加大中央预算内投资和财政资金的扶持力度。优化财政支持方向和方式，主要用于培养优势环保企业、扶持产业项目、鼓励技术研发和创新等。对重点节能减排环保技术和产品产业化示范、技术开发等给予财政支持，适度扩大环保产业的政策性贷款规模；进一步研究是否免征建设污水处理厂和垃圾处理厂的土地税和房产税，研究是否减免征收污水、垃圾、污泥处置劳务和再生水的增值税；加大对再生产品生产和消费环节的税收优惠力度；根据环保项目的类型以及具体构成，加大优惠力度，增加刺激强度，调动纳税人购买使用设备及开展环保项目的积极性；扩大“环保专用设备优惠目录”范围。

（4）完善PPP模式和第三方治理等市场化机制，吸引社会资本

目前，环保产业市场化的政策导向已经很明确，大力推进环保产业的市场化机制，引进PPP模式、第三方治理、合同环境管理等市场化模式，但是由于政府和市场、第三方和排污主体的责任界定不清，缺乏相应稳定的法律保障等，制约了这些市场化模式在实践中实施。PPP模式在环保领域的应用力度逐渐增强，但许多项目并未切实落地；第三方治理炒得沸沸扬扬，但遇到很多障碍。

进一步完善环保产业市场化机制，发挥市场在资源配置中的决定性作用。尽快建立和完善碳排放权交易市场规则；继续推进排污权有偿使用和交易试点，研究制定排污权有偿使用费的收取使用和交易价格等管理规定，进一步规范各地定价方法和依据。

建立和完善PPP模式运作程序等相关制度，包括明晰政府和合作方的责权，建立违约惩罚机制，规范利益分配、风险分担机制，理顺国家发展改革委、财政部等部门间的责权等。

加快环境污染第三方治理配套政策的制定。包括：厘清政府和市场、治污方和排污方的责任边界；提高第三方企业准入标准，建立和完善第三方运营服务标准，开展绩效评估，完善监督审核机制；建立第三方治污企业信用评价制度和相应奖惩制度。

鼓励机构和民间资本，建立和发展对环保企业具有倾斜性的引导基金、股权投资基金和创业投资基金等；探索污水处理、垃圾处理等预期收益质押贷款。加快发展绿色金融，优化绿色金融相关配套政策，构建多层次的绿色金融体系。鼓励金融机构对环保企业和项目提供金融支持，降低借贷条件和借贷利率，相反则予以限制。鼓励成熟的环保企业上市融资。

（5）加强技术创新驱动，完善环境技术评估和转化政策

部分高效节能减排核心技术和关键装备尚未完全掌握，一些自主研发的节能环保装备性能和效率不高。例如，在废旧电子产品循环利用、废旧电池循环利用、利用尾矿进行矿井回填、工业废水中回收有价元素等许多领域还存在着技术瓶颈。以企业为主体的技术创新体系尚未形成，科研、设计力量薄弱，自主开发能力差，产学研结合不够紧密；技术集成不够，装备成套化、系列化、标准化水平低，难以提供系统性解决方案；关键技术科技成果转化率低，市场化的技术交易、转移和扩散平台尚未形成，社会化的技术成果转移机制还不完善，无法形成产品和设备的大规模产业化。

鼓励和推动环保产业的技术自主研发和创新，加强技术创新驱动。加大对环保企业开展技术研发的资金支持，完善科技创新和成果转化的激励政策；搭建环保产业技术创新平台，支持环保产业共性和关键性技术的研发。提高技术成果转化率，推动以企业为主体、产学研相结合的技术创新体系，从而为技术研发和成果转化建立快车道，加速成果的转化和应用；完善技术服务推广的市场机制、社会化的技术成果转移机制。建立和完善环境技术评价制度，健全环境技术评价体系，加快推进我国更多行业的污染防治最佳可行技术的编制。鼓励产业联盟的建立，支持产业链纵向企业联合，提供满足节能环保需求的整体解决方案。

（6）高度重视资源循环利用，提高资源利用效率

目前我国除出台了部分清洁生产标准外，资源循环利用的相关标准和标志工作仍不完善。由于缺乏相应的标准和标志，产品在推广和市场接受中遇到了一定的困难，虽然可临时借助政府行政手段推动，但缺乏可持续性。而且，由于产业组织结构相对分散，主要以中小企业为主，技术水平参差不齐。资源节约和环境保护重大技术的研发还比较薄弱，尚未形成多方案的技术经济效果综合评价机制，许多资源和废弃物被低价值利用。再生资源和垃圾分类回收体系不健全。

进一步扩大“城市矿产”示范基地建设范围，加强建设和监督管理；继续对现有各类产业园区、重点企业进行循环化改造，提高资源产出率。完善产业信息统计，强化标准管理，加强回收、分类、分拣加工、运输储存、利用、污染控制技术等基础类和通用类标准的制定和衔接，形成有效的回收标准体系和质量检测体系，如制定废塑料国家统一的分类标准及检测方法，加强回收、加工、利用各环节的准入标准、技术标准和产品标准的衔接等。理顺各管理部门责权范围，避免交叉管理，减少监管漏洞，积极探索再生资源回收体系、城市垃圾清运体系两网合一，促进协同发展。加快淘汰落后生产工艺和技术设备，推动再生资源分选、拆解、破碎、加工利用技术和装备升级，着力加强深度加工利用，提高产品附加值。大力支持餐厨废弃物资源化利用设施建设和技术研发，鼓励利用餐厨废弃物生产沼气、生物柴油、工业油脂、有机肥等。不断更新矿产资源综合利用鼓励、限制和淘

汰技术目录，逐步细化和明确矿产资源综合利用先进适用技术的税费减免等激励政策、管理措施及重点领域和共性关键技术的推广工作。

鼓励各类资本进入资源回收、分拣和加工利用领域，积极推进跨地区、跨行业、跨所有制的资产重组，鼓励央企等进入本领域。增加废旧物资回收环节的增值税优惠，使部分大型回收企业或利用废弃物企业能够抵扣进项税，平衡税负与优惠政策，逐步扩大增值税优惠范围，如报废汽车除冶炼金属及钢铁外的其他部件。制定和完善财税政策，提高资金使用效率，逐步由现金型补贴政策转向信用额度支持政策。

（7）做大做强企业和产业集聚区，促进产业集约化、集群化发展

鼓励和扶持中小企业发展，积极引导中小型环保企业找准产业链定位，走向专业化、精细化。实施龙头企业带动战略，发挥碧水源科技、桑德环境、首创股份等龙头企业的带动作用，培育一批产业特色突出，具备技术、资本、运营经验的大环保集团，以及具有强大的资金实力和投融资能力，能够整合产业链、提供整体解决方案的综合环境服务企业。

引导环保产业集群规范化、集约化发展，发挥聚集带动作用。对于已经形成的重点产业集群，长三角区域发展环保产业不仅要扩张规模，更要保证产业质量，提高经济效益，提升技术水平和优化产业结构，产业方向逐渐向高端化发展；环渤海区域环保产业整体发展较均衡，未来应保持发展优势，大力发展环保装备制造业和资源循环利用产业；中部沿江发展轴未来在保持环保装备制造优势的基础上应大力发展环境保护服务业，促进区域环保产业结构升级；珠三角区域未来在继续保持现有发展潜力和经济效益的优势上可适当扩大产业规模。

开展环保产业园区试点示范，大力推进生态工业园区、环保产业园区、循环经济产业园区、资源循环利用产业园区等的建设，在全国范围内形成环保产业园区的优秀典范。

（8）注重节能与环保的协同效应，推动与信息产业的融合

注重节能与环保的协同效应。配合《大气污染防治行动计划》开展雾霾综合治理，实施切实可行的节能措施；结合污染物总量控制目标等相关政策，出台区域煤炭消费总量控制方案；重视降低污水处理和烟气治理等污染防治设施的运行能耗，发挥节能减排综合效应。

注重环保与信息产业相融合，充分利用移动互联网、云计算、大数据等工具。利用无线通信技术、物联网、大数据、云计算等技术，构建数字环保平台、在线监测监控网络等，全方位、全覆盖地实时采集、监控数据和准确传递与分析数据，并对环境状况进行科学合理的评估，形成综合解决方案，因地制宜地解决环境问题；与遥感、地理信息、卫星定位系统等融合，突破节能环保管理实践和地域限制；与 3D 打印技术结合，发展环保装备制造业和建筑业；建设专业信息平台，完善信息采集、反馈、发布系统，及时更新能环保产业相关信息。

（9）加快出台环保产业“走出去”战略的配套措施，推动产业国际化

目前，国家层面大力推动环保产业“走出去”，也有一些企业开展海外项目，具有一定的实践基础。但仅仅是零散的企业个体行为，未形成产业优势。同时，由于公共服务平台缺乏、信息渠道不畅，企业缺乏展示自己的平台，国际上缺乏对中国环保企业的了解；企业缺乏目标国投资环境、环保政策要求及法律环境、商业机会、工程招标操作模式、产业预警等领域的信息。

完善我国环保产业“走出去”的政策法规，包括环保产业海外投资的相关规则、标准以及交易模式等，并开展人才储备等。对环保产品、设备和技术出口实施优惠政策。广泛开展环保产业的国际交流和合作，利用各种会议、展览等大力宣传我国环保技术和产品。建设一批环保产业国际化发展示范基地及示范工程，展示中国环保企业。搭建政府公共服务平台，介绍国际环保产业发展动向、需求，环保产业制度、环境保护制度和规范等。

7 结论与展望

7.1 主要研究结论

本研究在调研环保产业内涵和国内外环保产业发展现状的基础上，指出了发达国家发展环保产业的有益经验和我国环保产业发展存在的主要问题，研究了环保产业链的结构与运行风险、PPP 模式在环保产业中的应用、环保产业园区的发展策略、产业成熟度评价在环保产业中的应用等问题，提出了我国发展环保产业的总体趋势、发展目标、发展重点以及政策。研究的主要结论如下：

①全球环保产业主导地位被发达国家占据并已经呈现出成熟工业特征，值得我国借鉴的有益经验包括制定产业规划、有效管理，完善法律标准、严格执行，运用经济手段扶持市场，创新环保技术、促进升级和鼓励公众参与、积极推广；

②我国环保产业是现阶段国民经济中最具潜力的新兴增长点之一，存在集中度较低、企业规模普遍偏小、产业关键技术缺乏、政策和机制不健全、市场竞争秩序不规范、服务体系尚不健全、市场化服务模式发展较慢等问题；

③在环保产业链上，产业上游的技术研发和下游的工程建设与运营服务等环节利润较高，现阶段原材料价格上涨、能源消费结构调整、排放标准更替和市场需求放缓等外部环境原因导致我国环保产业链的运行仍存在较大风险；

④PPP 模式在我国的环境保护产业领域已有应用但存在诸多问题，应从完善相关法律法规体系、建立合理投资回报机制、推进投融资模式创新、实施税收优惠政策和提升咨询服务支撑能力等几个方面进行改进；

⑤我国多数环保产业园区运营情况并不乐观，应从强化顶层设计、建立金融支撑平台、提供技术人才支撑、建立公共服务平台和信息共享平台、搭建污染防治高端技术研发平台、设立技术和产品展示和交易中心及加强招商渠道建设等方面发展环保产业园区；

⑥建议从完善环保产业政策、营造公平竞争的市场环境、加大财税支持力度、完善 PPP 模式和第三方治理等市场化机制、完善环境技术评估和转化政策、提高资源利用效率、做大做强企业和产业集聚区、推动与信息产业的融合、加快出台 “走出去”战略的配套措施等几个方面大力发展环保产业。

7.2 展望

我国环保产业发展的政策体系完善需要开展大量深入的研究工作，鉴于笔者的时间与精力的限制，报告涉及的领域与深度尚不足以为发展环保产业提供全面支撑，未来需要在环保产业投融资模式、税费政策、成熟度评价等领域进一步深入开展研究。

参考文献

[1] 刘葭，郝前进. 国际环保产业统计对中国的启示[J]. 统计与决策，2010（9）：35-37.

[2] SINCLAIR D B. The Environmental Goods and Services Industry[J]. International Review of Environmental & Resource Economics，2008，2（2）：69-99.

[3] 邬娜，傅泽强. 基于“微笑曲线”的我国环保产业链优化策略[J]. 环境与可持续发展，2017，42（4）：22-25.

[4] 李纪武. 环保产业发展研究[D]. 武汉：武汉理工大学，2002.

[5] 邵永富. 刍议我国环保产业发展现状、问题及解决对策[J]. 经济师，2017（5）：81-82.

[6] 徐嵩龄. 世界环保产业发展透视[J]. 中国环保产业，1997（3）：8-9.

[7] 董战峰，吴琼，周全，等. 建立基于 EGSS 的中国环保产业统计框架的思路[J]. 中国环境管理，2016，8（3）：65-72.

[8] 高广阔. 浅谈环境产业经济学的形成及学科体系建设[J]. 上海理工大学学报（社会科学版），2006，28（3）：30-35.

[9] 刘贵富. 产业链基本理论研究[D]. 长春：吉林大学，2006.

[10] 冯慧娟，张继承，李华友. 再生资源产业链及产业组织形式分析[J]. 环境与可持续发展，2009（6）：7-9.

[11] 中电联节能环保分会. 中电联发布 2016 年度火电厂环保产业信息[EB/OL]. [2017-05-12]. http：//www cec.org.cn/huanbao/jienenghbfenhui/fenhuidongtai/fenhuixinwen/2017-05-12/168223.html.

[12] 中国环保在线. 结算因素拉低三季度单季业绩中电远达看点十足[EB/OL]. [2014-11-14]. http：//www.hbzhan.com/news/detail/93246.html.

[13] 吴舜泽，逯元堂，赵云皓，等. 第四次全国环境保护相关产业综合分析报告[J]. 中国环保产业，2014（8）：4-17.

[14] 王亦宁，滕建礼，申红杰，等.“十二五”期间环保产业发展回顾[EB/OL]. [2017-07-3]. http：//gjss.ndrc.gov.cn/zttp/xyqzlxxhg/201707/t20170703_853868.html.

[15] 我国环保装备制造业进入战略机遇期[J]. 中国粉体工业，2013（2）：53.

[16] 肖成. 政策助推环保装备将保持 20%以上年均增速[EB/OL]. [2014-09-24]. https：//www.qianzhan.com/analyst/detail/220/140924-7ad41f8c.html.

[17] 迟颖，马忠锟. 环境监测仪器行业 2015 年发展综述[J]. 中国环保产业，2016（9）：22-30.

[18] 吴剑，陈小林，杨小丽，等. 江苏环境服务业现状与发展对策建议[J]. 环境保护，2012（11）：56-57.

[19] 中国环境保护产业协会. 2015 年度环境服务业财务统计数据发布[EB/OL]. [2017-03-27]. http：//www.caepi.org.cn/p/1514/368721.html.

[20] 李碧浩，张建良. 节能环保服务业集群化发展的动力与模式研究[J]. 上海节能，2012（2）：15-19.

[21] 宫克. 世界八大公害事件与绿色 GDP[J]. 沈阳大学学报，2005，17（4）：3-6.

[22] 赛迪顾问股份有限公司. 中国环保产业研究报告[R]. 2010.

[23] 韩宝鑫，栾敬东. 全球节能减排大背景下我国环保产业的发展[J]. 石家庄经济学院学报，2012，35（5）：53-58.

[24] 高明，洪晨. 美国环保产业发展政策对我国的启示[J]. 中国环保产业，2014（3）：51-56.

[25] 科技部. 德国制造的未来——德国环保产业[EB/OL]. [2012-02-29]. http：//www.most.gov.cn/gnwkjdt/201202/t20120228_92767.htm.

[26] 国家知识产权局. 2014 年战略性新兴产业发明专利统计分析总报告[R]. 2014.

[27] 李博洋，郭庭政. 国内外环保产业发展比较与启示[J]. 中国科技投资，2012（25）：27-30.

[28] 傅京燕. 政府须采取有效政策措施促进环保产业发展[J]. 中国环保产业，2001（4）：17-19.

[29] 苏昌强，阮妙鸿. 西方各国环境保护法的发展历程及趋势[J]. 沈阳工业大学学报（社会科学版），2009，2（3）：259-263.

[30] 温美旺，杨春鹏. 国外环保产业融资机制对我国的启示[J]. 当代经济，2009（1）：64-66.

[31] 赵行姝. 以环境保护创造社会财富：美国发展环保产业的经验[J]. 中国金融，2006（19）：23-24.

[32] 刘嘉，秦虎. 美国环保产业政策分析及经验借鉴[J]. 环境工程技术学报，2011，1（1）：87-92.

[33] 贾宁，丁士能. 日本、韩国环保产业发展经验对中国的借鉴[J]. 中国环境管理，2014，6（6）：49-52.

[34] 常杪，杨亮，王世汶，等. 日本环保产业发展的特点及启示[J]. 中国环保产业，2016（1）：60-65.

[35] 徐媛. 德国节能环保产业走出去发展现状[EB/OL]. [2016-12-29]. http：//www.cietc.org/article.asp?id=7131.

[36] 赵雅茹. 经济与环境共赢德国“社会生态市场经济”的启示[J]. WTO 经济导刊，2008（9）：75-76.

[37] 张靖. 法国节能环保产业发展概况[EB/OL]. [2014-04-10]. http：//intl.ce.cn/specials/zxgjzh/201404/10/t20140410_2637744.shtml.

[38] 邹玉萍. 世界各国的环境标志[J]. 地理教育，2006（4）：78.

[39] 姚立新. 世界绿色食品发展潮流与发展我国绿色食品出口营销[J]. 经济问题，1996（3）：61-64.

[40] 王玉庆. 绿色革命：未来经济发展的制高点[J]. 人民论坛，2010（17）：30-31.

[41] 许进杰. 生态消费：21 世纪人类消费发展模式的新定位[J]. 北方论丛，2007（6）：127-131.

[42] 汪铭芳. 绿色消费的哲学思考[D]. 福州：福建师范大学，2006.

[43] 徐盛国，楚春礼，鞠美庭，等. “绿色消费”研究综述[J]. 生态经济，2014，30（7）：65-69.

[44] 晓理. 世界绿色产业发展趋势及我国发展环保产业的思考[J]. 外向经济，1997（5）：28-30.

[45] 吴文锋. 浅析环保产业的发展历程及未来趋势[J]. 资源节约与环保，2015（12）：157.

[46] 左茜. 我国环保产业发展历程与新常态下的创新体系[J]. 科技管理研究，2016（21）：263-266.

[47] 段娟. 中国环保产业发展的历史回顾与经验启示[J]. 中州学刊，2017（4）：29-36.

[48] 姚婕. 论加入 WTO 与我国环保产业的战略选择[J]. 环境与发展，2006，18（1）：50-53.

[49] 王奤奤. 2015 年我国环境保护产业发展状况分析[EB/OL]. [2016-09-30]. http：//huanbao.bjx.com.cn/news/20160930/777365.shtml.

[50] 李宝娟，王政，王妍，等. 基于调查统计的环保产业发展现状、问题及对策分析[J]. 环境保护，2015，43（5）：54-58.

[51] 孟伟，冯慧娟，罗宏，等. 我国节能环保产业发展战略研究[J]. 中国工程科学，2016，18（4）：1-8.

[52] 刘晓冰，王克亮，邹海英，等. 我国环境服务业发展现状及研究进展[J]. 环境与可持续发展，2015，40（3）：53-56.

[53] 李宝娟.《2011 年全国环境保护相关产业状况公报》解读——几组数字简析环保相关产业发展[J]. 中国环保产业，2014（6）：10-15.

[54] 冯慧娟，裴莹莹，罗宏，等. 论我国环保产业的区域布局[J]. 中国环保产业，2016（3）：11-15.

[55] 张型芳，吕连宏，杨占红，等. 基于 2015 年上市公司年报的我国环保产业发展特征研究[J]. 环境工程技术学报，2017，7（5）：644-650.

[56] 王春生. 科技工业园区建设模式的思考——以哈尔滨国家环保科技产业园为例[J]. 黑龙江科学，2015（9）：164-165.

[57] 薛婕，马忠玉，罗宏，等. 我国环保产业的技术创新能力分析[J]. 中国工程科学，2016，18（4）：23-31.

[58] 裴莹莹，杨占红，罗宏，等. 我国发展节能环保产业的战略思考[J]. 中国环保产业，2016（1）：13-18.

[59] 王小青. 47%城镇污水处理厂市场化运作[EB/OL]. [2014-08-15]. http：//www.h2o-china.com/news/view？id =130170.

[60] 朱晓英. 从加拿大对《京都议定书》态度看其环境政策[D]. 石家庄：河北师范大学，2007.

[61] 郭怀英. 日本大力发展环保产业成效与启示[J]. 中国科技投资，2010（4）：28-30.

[62] 赵喜亮，钟晓红，傅涛. 中美环保产业对比分析研究[J]. 中国环保产业，2012（4）：24-29.

[63] 矫波. 加拿大环境保护法的变迁：1988—2008[J]. 中国地质大学学报（社会科学版）. 2009，9（3）：57-61.

[64] 温美旺，杨春鹏. 国外环保产业融资机制对我国的启示[J]. 当代经济，2009（1）：64-66.

[65] 刘助仁. 国外的环保税收政策[J]. 现代城市研究，2001（5）：41-43.

[66] 江欣. 浅议国外环境税收及对我国的启示与思考[J]. 国土资源情报，2005（10）：6-9.

[67] 孙闯. 国外环境税实践及其启示[D]. 蚌埠：安徽财经大学，2015.

[68] 李纪武. 中美环保产业发展动力机制比较研究[J]. 科技进步与对策，2003，20（8）：92-94.

[69] 杨薇. 环保投融资机制的国内外比较研究[D]. 上海：复旦大学，2009.

[70] 吴鹏. 教化与激励：我国环保产业发展的途径探索——以生态机会主义行为分析为切入点[J]. WTO经济导刊，2012（1）：72-75.

[71] 郭怀英. 日本发展环保产业促进经济转型的启示[J]. 宏观经济管理，2010（4）：73-74.

[72] 曹凤中，周国梅. 国外环保产业发展驱动因素分析[J]. 世界环境，1999（4）：22-24.

[73] 宋秀杰，王绍堂，张漫. 发达国家环保产业发展经验及其对我们的启示[J]. 环境保护，2002（2）：46-48.

[74] 付宇程. 论行政决策中的公众参与形式[J]. 法治研究，2011（10）：74-77.

[75] 江莹. 公众参与环境保护动力机制研究[J]. 苏州大学学报，2006（5）：119-121.

[76] 谢秋凌. 美国生态环境保护法律制度简述[J]. 昆明理工大学学报社科（法学版），2008，8（1）：10-14.

[77] 余晓泓. 日本环境管理中的公众参与机制[J]. 现代日本经济，2002（6）：11-14.

[78] 蒋蕾蕾. 日本琵琶湖治理对我国公众参与环境保护的启示[J]. 科技创新导报，2009（7）：117.

[79] Marshall A. Principles of Economics：An Introductory（9th Ed）[M]. London：Macmillan，1890.

[80] Weber A. Theory of the Location of Industries[M]. Chicago：University of Chicago Press，1929.

[81] Hoover E. The Location of Economic Activity[M]. New York：McGraw- Hill，1948.

[82] Krugman P. Increasing returns and economic geography[J]. Journal of Political Economy，1991（99）：483-499.

[83] 迈克尔·波特. 竞争论[M]. 北京：中信出版社，2003.

[84] Head K，Ries J，Swenson D. Agglomeration benefits and location choice：evidence from Japanese manufacturing investments[J]. Journal of International Ecnomics，1995，38：223-248.

[85] Baptista R. Geographical clusters and innovation diffusion[J]. Technological Forecasting and Social Change，2001（66）：31-46.

[86] Martin P，Ottaviano G I P. Growing Locations：Industry location in a model of endogenous growth[J]. European Economic Review，1999，43（2）：281-302.

[87] Poikela K，Pongrácz E，Lehtinen U. Business potential from waste in the oulu environmental cluster[M]. Oulu University Press，2006.

[88] 黎莹，傅涛，赵喜亮，等. 我国环境产业聚集发展现状、问题及路径选择[J]. 商业时代，2014（1）：113-115.

[89] 裴莹莹，薛婕，罗宏，等. 中国环保产业园区发展模式研究[J]. 环境与可持续发展，2015，40（6）：47-50.

[90] 常杪，郭培坤，邵启超. 中国静脉产业园区发展模式与案例研究[J]. 四川环境，2013，32（5）：118-124.

[91] 李秀辉，张世英. PPP 与城市公共基础设施建设[J]. 城市规划，2002，26（7）：73-75.

[92] 王丽娅. PPP 在国外基础设施投资中的应用及对我国的启示[J]. 海南金融，2003（11）：36-40.

[93] 贾康，孙洁. 公私合作伙伴关系（PPP）的概念、起源、特征与功能[J]. 财政研究，2009（10）：2-10.

[94] 郑传军，徐芬，成虎. PPP 的定义、内涵与特征再认识[J]. 建筑经济，2016，37（9）：5-10.

[95] 中国政府采购网. PPP 模式的内涵[EB/OL]. [2015-06-12]. http：//www.ccgp.gov.cn/PPP/zs/201506/t20150612_5411223.htm.

[96] 郑登登. 浅谈 PPP 模式的优点和在我国推行 PPP 模式需解决的问题[J]. 财经界，2015（21）：137，178.

[97] 国务院研究室. 为什么政府与社会资本合作（PPP）在英国能成功？——赴英国“创新优化政府公共服务”培训考察报告之一[EB/OL]. [2016-12-01]. http：//tzs.ndrc.gov.cn/zttp/PPPxmk/gzdt/201612/t20161201_828853.html.

[98] 徐可，何立华. PPP 模式中 BT、BOT 与 TOT 的比较分析——基于模式结构、风险分担、所有权三个视角[J]. 工程经济，2016，26（1）：61-64.

[99] 刘毅，张云普. BOOT 模式下的多重角色探讨——印尼巨港电站项目经验浅析[J]. 国际工程与劳务，2005（4）：12-13.

[100] 李辉，姚月姣. 浅析 DBO 模式下城市污水处理厂建设项目的实施[J]. 中国科技信息，2013（8）：197.

[101] 秦凤华. 治污 DBO 模式中国试水[J]. 中国投资，2008（8）：92-94.

[102] 亓霞，柯永建，王守清. 基于案例的中国 PPP 项目的主要风险因素分析[J]. 中国软科学，2009（5）：107-113.

[103] 曾路，汤勇力，李东从. 产业技术路线图：探索战略性新兴产业培育路径[M]. 北京：科学出版社，2014.

[104] 王礼恒，屠海令，王崑声，等. 产业成熟度评价方法研究与实践[J]. 中国工程科学，2016，18（4）：9-17.

[105] 邵高峰. 我国节能建筑技术与政策现状及“十三五”展望[J]. 砖瓦世界，2015（2）：7-16.

[106] 贺泓，翁端，资新运. 柴油车尾气排放污染控制技术综述[J]. 环境科学，2007，28（6）：1169-1177.

[107] 单文坡，刘福东，贺泓. 柴油车尾气中氮氧化物的催化净化[J]. 科学通报，2014，1（26）：2540-2549.

[108] 王建强，杨建军，高继东，等. 柴油车尾气排放控制技术进展[J]. 科技导报，2011，29（11）：67-73.

[109] 陶汉国. 柴油机 Urea-SCR 系统控制策略研究[D]. 武汉：武汉理工大学，2009.

[110] 金融投资报.“十三五”投资或超 17 万亿 环保迎来黄金期[EB/OL]. [2015-10-13]. http：//finance.ce.cn/rolling/201510/13/t20151013_6684072.shtml.

[111] 证券日报. 新环保法实施在即 2015 年行业并购整合将再提速[EB/OL]. [2014-12-30]. http：//news.163.com/14/1230/06/AEMM7G8800014AEF.html.

[112] 谷林. 首创 50 亿国际并购带来的启示：环保企业如何“走出去”[EB/OL]. [2014-03-12]. http：//news.bjx. com. cn/html/20140312/496294.shtml.